"1+X"职业技能等级证书系列教材

建筑信息模型（BIM）初级

饶　婕　梁　艳　主　编
雷湾露　李　翔　副主编
　　　　李永刚　主　审

中国建筑工业出版社

图书在版编目(CIP)数据

建筑信息模型：BIM：初级 / 饶婕，梁艳主编. —
北京：中国建筑工业出版社，2021.9（2023.12重印）
"1+X"职业技能等级证书系列教材
ISBN 978-7-112-26420-9

Ⅰ. ①建… Ⅱ. ①饶… ②梁… Ⅲ. ①建筑设计—计
算机辅助设计—应用软件—职业技能—鉴定—教材 Ⅳ.
①TU201.4

中国版本图书馆 CIP 数据核字(2021)第 150597 号

　　本教材针对"1+X职业技能等级证书"建筑信息模型（BIM）编写。本教材在充
分研究本职业技能等级证书初级考试标准的基础上，结合专业教学实际和往届考
试经典考题，全面、系统地讲解了初级考试的相关内容，对核心考点、考试特点
及应试技巧等方面做了详细、认真的梳理，对学生备考有着极高的参考价值。

　　本教材主要包含以下四大部分内容：①考试基础知识；②族与体量；③局部
建模；④综合建模。每部分内容均包含往届考试经典试题剖析与详细讲解、模拟
练习等，注重学生真正掌握建模知识。

　　本教材可作为高等职业院校工程管理类专业及相关专业的课程教材或课证融
通型教材，也可作为备考人员及行业从业人员的参考用书。

　　为更好地支持本课程的教学，我们向使用本教材的教师免费提供教学课件，
有需要者请发送邮件至 cabpkejian@126.com 免费索取。

责任编辑：吴越恺　张　晶
责任校对：李美娜

"1+X"职业技能等级证书系列教材
建筑信息模型（BIM）初级
饶　婕　梁　艳　主　编
雷湾露　李　翔　副主编
李永刚　主　审
*
中国建筑工业出版社出版、发行（北京海淀三里河路9号）
各地新华书店、建筑书店经销
北京红光制版公司制版
北京圣夫亚美印刷有限公司印刷
*
开本：787毫米×1092毫米　1/16　印张：14½　字数：356千字
2021年9月第一版　　2023年12月第二次印刷
定价：**42.00**元（赠教师课件）
ISBN 978-7-112-26420-9
（37977）

前　言

2019 年 1 月 24 日，国务院正式印发职业教育改革文件——《国家职业教育改革实施方案》，文件指出："从 2019 年开始，在职业院校、应用型本科高校启动'学历证书＋若干职业技能等级证书'制度试点（1＋X 证书制度试点）工作"。将学历证书与职业技能等级证书结合起来探索实施 1＋X 证书制度，是职教 20 条的重要改革部署，也是重大举措。

BIM（Building Information Modeling，建筑信息模型）作为建设行业近些年迅速发展的一项新兴技术，在我国得到日益广泛的应用，BIM 相关标准、政策的陆续出台以及软件的持续更新和进步，保证了 BIM 应用的可行性。

在职业教育改革和 BIM 技术发展的双重背景下，"1＋X"建筑信息模型（BIM）职业技能等级证书（以下简称"1＋X"BIM 证书）应运而生。作为首批 5 个职业技能领域试点之一，截至本教材完稿之日，"1＋X"BIM 初级考试已举办十一期，为建设行业遴选出众多既懂专业、又懂 BIM 的技术人才。

限于市场上针对"1＋X"BIM 证书考试用书很少，教师辅导、学生学习没有系统性和条理性的教辅资料，我们尝试编撰一本可供考生备考"1＋X"BIM 证书（初级）之用的教材，以期帮助考生顺利通过考试。

本教材共分为四大部分：

第 1 部分："1＋X"BIM（初级）考试基础知识，主要阐述考试背景、报名条件、考核办法、职业技能要求、评价方式，其中"职业技能要求"一节中包含考试中理论题的考核内容，最后附初级样题理论题部分的解析；

第 2～4 部分是针对考试中实操题的内容，按照常考题型分成了"族与体量""局部建模""综合建模"三个部分详细阐述相关考点的 Revit 实操。

本教材特点如下：

（1）立足"1＋X"BIM（初级）考试，针对性强

本教材第 1 部分能够让考生了解考试相关政策，并掌握理论题考核的知识点；第 2、3 部分针对实操试题的第一、二题，考试中，实操试题第一、二题可能是族、体量或局部建模，在这两部分全部覆盖；第 4 部分针对实操试题的第三题（综合建模），涵盖几乎所有考点。

（2）例题丰富，解答详尽

本教材第 2～4 部分列举经典例题，多为考试真题，书中剖析解答思路，详细描写解答过程，举一反三，提供配套练习。

（3）图文并茂，通俗易懂

对于软件实操部分，为了方便考生理解操作过程，本教材配备大量图片，避免因文字描述不足带来的操作不明确的问题。

本教材由江西建设职业技术学院饶婕、梁艳任主编；雷湾露、李翔任副主编。编写工作具体分工如下：饶婕编写第 1 部分，李翔、梁艳、雷湾露编写第 2 部分，梁艳编写第 3

部分，雷湾露编写第 4 部分。饶婕、梁艳完成统稿、审稿。

江西建设职业技术学院院长李永刚任本教材主审，在认真审定本书稿后提出了许多有价值的意见和建议。在本教材的编写工程中，参考了部分行业学者、专家的有关文献资料，已在参考文献中注明，在此一并表示致谢！

本教材得以顺利出版，得到了中国建筑工业出版社领导和编辑的大力支持，在此表示感谢！

由于编写时间仓促，加之编者水平有限，教材中难免有疏漏和不足之处，诚望读者提出宝贵意见，以便修订时修改完善。

目　　录

1 "1＋X" BIM（初级）考试基础知识

1.1 背景

《国家职业教育改革实施方案》（以下简称"职教 20 条"）是 2018 年 11 月经中央全面深化改革委员会第五次全体会议审议通过，并于 2019 年 1 月 24 日由国务院正式印发的职业教育改革文件。职教 20 条提出"从 2019 年开始，在职业院校、应用型本科高校启动'学历证书＋若干职业技能等级证书'制度试点（"1＋X"证书制度试点）工作"。将学历证书与职业技能等级证书结合起来探索实施"1＋X"证书制度，是职教 20 条的重要改革部署，也是重大举措。"1＋X"证书里的"1"为学历证书，全面反映学校教育的人才培养质量；"X"为若干职业技能等级证书，是毕业生、社会成员职业技能水平的凭证，反映职业活动和个人职业生涯发展所需要的综合能力。2019 年 4 月，教育部、国家发展改革委、财政部、市场监管总局联合印发了《关于在院校实施"学历证书＋若干职业技能等级证书"制度试点方案》（以下简称《试点方案》），部署启动"学历证书＋若干职业技能等级证书"制度试点工作。根据《试点方案》要求，首批启动了 5 个职业技能领域试点，分别是建筑工程技术、信息与通信技术、物流管理、老年服务与管理、汽车运用与维修技术 5 个领域。遴选确定了首批试点的有关职业技能等级证书，包括：建筑信息模型（BIM）职业技能等级证书、Web 前端开发职业技能等级证书、物流管理职业技能等级证书、老年照护职业技能等级证书、汽车运用与维修职业技能等级证书和智能新能源汽车职业技能等级证书。2019 年 3 月 20 日，教育部职业技术教育中心研究所发布《关于参与 1＋X 证书制度试点的首批职业教育培训评价组织及职业技能等级证书公示公告》（教职所〔2019〕67 号），公布建筑信息模型（BIM）职业技能等级证书的培训评价组织为廊坊市中科建筑产业化创新研究中心（中国建设教育协会人才评价中心）。

根据国务院《关于印发国家职业教育改革实施方案的通知》（国发〔2019〕4 号）的精神，为了适应当前建筑行业的变革和发展，满足社会对建筑信息模型（BIM）技能人员的迫切需求，提升建筑信息模型（BIM）职业技能水平，结合国际工程工程建设信息化人才培养方式和经验，统一建筑信息模型（BIM）职业技能基本要求，由评价机构组织专家编写了建筑信息模型（BIM）职业技能等级标准。

1.2 报名条件

BIM 职业技能等级划分为：初级、中级、高级三个等级。初级主要针对的是中等职业学校在校学生或是从事 BIM 相关工作的行业从业人员。中级主要针对的是高等职业院校在校学生，已取得建筑信息模型（BIM）职业技能初级证书在校学生，具有 BIM 相关工作经验 1 年以上的行业从业人员。高级主要针对的是本科及以上在校大学生，已取得建筑信息模型（BIM）职业技能中级证书人员，具有 BIM 相关工作经验 3 年以上的行业从业人员。

1.3 考核办法

建筑信息模型（BIM）职业技能等级考核评价实行统一大纲、统一命题、统一组织的考试制度，原则上每年举行多次考试，各级别的考试时间均为 180 分钟。建筑信息模型（BIM）职业技能等级考核评价分为理论知识与专业技能两部分。初级、中级理论知识及技能均在计算机上考核，高级采取计算机考核与评审相结合（表 1-3-1）。

BIM 职业技能等级考核评价内容权重表 表 1-3-1

内名	级别		
	初级	中级	高级
理论知识	20%	20%	40%
专业技能	80%	80%	60%

提示：根据往期考试情况统计，建议理论试题部分时间分配为 0.5h，专业技能部分时间分配为 2.5h。

1.4 职业技能要求

"1＋X"证书考评职业基本知识、建筑基础知识以及职业技能知识三个方面，前两个方面在考评的三个等级中要求相同，在考核内容中权重占比为 20%，职业技能知识按初级、中级、高级依次递进，高级别涵盖低级别要求。

1.4.1 职业基本知识涵盖职业道德和建筑基础知识

职业道德部分的考查重点主要是明确在行业执业过程中需要做到遵纪守法、诚实信用、务实求真和团结协作。目前此项考评内容分值占比比较固定，主要以一道单选和一道多选出现在考核中，百分制考核占比为 1.5 分。

建筑基础知识主要考查的是建筑专业的基本常识性问题，包含：制图、识图基础知识、BIM 基础知识和相关法律法规。建筑基础知识还包含建筑中各专业的划分：结构专业主要有：柱、梁、板等；建筑专业主要有：门、窗、二次墙、楼梯、坡道、散水、屋顶等；机电设备专业主要有：水系统（给水、排水、消防、喷淋等）、电力系统（桥架、电线、用电设备等），通风系统（风管、空调水管等）。

制图识图与 BIM 相关软件呈现联合考查方式，此处百分制考核占比约为 17 分，法律法规的百分制考核占比约为 1.5 分。

1. 制图、识图基础知识

制图、识图主要有以下五个考查点，考查时常结合 BIM 相关软件应用或者规范要求。

1）正投影、轴测投影、透视投影；

2）技术制图的国家标准知识有：图幅、比例、字体、图线、尺寸标注等；

3）形体的二维表达方法有平视图、剖视图、局部放大图等；

4）标注与注释；

5）土木建筑大类各专业图样，例如：建筑施工图、结构施工图、设备施工图等。

2.BIM基础知识

（1）建筑信息模型（BIM）的概念

BIM是建筑信息模型的英文（Building Information Modeling）缩写，是指在建设工程及设施的规划、设计、施工及运营维护全寿命周期中创建和管理建筑信息的过程，全过程应用三维、实时、动态的模型涵盖几何信息、空间信息、地理信息、各种建筑组件的性质信息及工料信息。

（2）建筑信息模型（BIM）的特点、优势和价值

BIM技术的特点是利用三维数字模型将建筑工程中的信息不断集成。这决定了BIM具有可视化即我们常说的"所见所得"、参数化（即非数字建立）和分析模型等先天优势。BIM信息模型可以应用于建筑全生命周期中，成为建筑信息管理的手段和模式。所谓建筑全生命周期管理，是指建筑对象从规划到设计、施工、运营、翻新乃至拆除全过程中各个阶段的管理。

BIM的模拟性体现在设计阶段时将虚拟建筑模型，环境等信息导入相关建筑性能分析软件，形成所需的分析结果，与人工相比较，可以缩短分析时间，保证质量。建筑性能模拟分析主要包括能耗分析、日照分析、紧急疏散分析等内容。在招标投标及施工阶段，相关技术人员可进行重点和难点部位施工方案的模拟，从而提高施工的质量和效率，保障施工方案的安全性。施工模拟还包括ND（进度、造价等）模拟、施工现场布置方案的模拟等，其可以提高施工组织管理水平，降低成本。在运维（营）阶段，相关技术人员可以对日常紧急情况的处理方式进行模拟，确定突遇地震及火灾等情况时人员逃生及疏散的线路等。

协调性是工程建设工作的重要内容，也是难点问题。它不仅包括各参与方内部的协调、各参与方之间的协调，还包括数据标准的协调和专业之间的协调。借助即时建筑信息模型BIM（修改具有可记录性），在一个数据源的基础上，可以大大减少矛盾和冲突，这是BIM技术最重要的特点和在实践中发挥广泛作用的价值体现。

优化性体现在BIM不仅可以解决信息本身的问题，还具有自动关联功能、计算功能，可最大限度地缩短过程时间，支持有利于相关方自身需求方案的制订。

完备性体现在应用BIM技术可对工程对象进行3D几何信息和拓扑关系的描述以及完整的工程信息描述。信息的完备性使得BIM模型具有良好的条件，支持可视化、优化分析、模拟仿真等功能。

图档集成性体现在运用BIM技术，除了能够进行建筑平、立、剖及大样详图的输出，还可以在碰撞报告的基础上，输出经优化的综合管线图、综合结构留洞图（预埋套管图）、构件加工图。一体化几何信息与材料、结构、性能信息等设计阶段信息，建造过程信息和运维管理信息，对象与对象之间、对象与环境之间的关系信息，由不同参与方建立、提取、修改与完善，将支撑对项目全寿命周期的管理，也是BIM技术未来的主要发展方向。

BIM的优势在于BIM作为一种信息技术、一种设计手段和方法、一种管理行为，可以集合建筑物全寿命周期的建设数据，推动管理的集成化集约化，BIM作为一种完全的信息技术，其优势体现在数据库技术、分布式模型和工具与程序相结合。

BIM 是一个功能强大的、综合了模型和分析功能的工具，并拥有一体化，合作性的程序。利用这一技术，建筑业实现了彻底的变革。随着这些工具和程序的不断推广使用，人们可不断开发新方法、提高生产效率以充分利用 BIM 的强大功能，更好地实施项目。

BIM 的价值在于信息完整，快捷查阅、协同工作，提高效率、三维展示，简化沟通、个性分析、验证优化、自动计算，资源集约、虚拟施工，有效管控、数据集成，支持运维。

（3）建筑信息模型（BIM）软件体系

工程建设是一个系统的、多方参与的复杂的行业，因此辅助于工程建设的应用软件也不是单一的独立的某一个软件，而是形成针对工作联动的、协作的、集成的软件体系。随着 BIM 软件的发展，已经发展出一系列不同类型级功能的 BIM 软件，来满足工程中的不同需求。总体来说 BIM 软件可分为 BIM 设计、BIM 施工管理和 BIM 运维管理三大类型。BIM 设计类软件主要完成模型整合和模型建立（表 1-4-1），BIM 施工管理类软件主要完成工程资源管理和模型展示，BIM 运维管理软件主要完成 BIM 协作管理和算量计量（表 1-4-2）。在行业发展的过程中，随着信息化大数据的快速推进，数据共享和工作协同也得到了不断完善，BIM 协同在软件使用中也形成了平台管理的新形态，平台的使用也使得 BIM 技术的价值更大化。

常见 BIM 建模软件 表 1-4-1

软件类别	软件名称	主要功能
基础建模（核心建模）	Autodesk 公司-Revit	建筑行业通用 BIM 模型创建软件
	Autodesk 公司-Civil3D	用于测绘、铁路、公路行业的模型创建软件
	Bentley 公司-Open Building Designer	建筑行业通用 BIM 模型创建软件
	Bentley 公司-Open Site Designer	用于测绘、铁路、公路行业的模型创建软件
	Dassault Catia	源于航空领域的强大模型创建软件，适用于桥梁、隧道、水电等行业
建模插件	MagiCAD	基于 Revit 的专业机电管线深化软件
	建模大师	基于 Revit 的多功能软件
	Dynamo	Autodesk 公司研发的参数化建模软件，可与 Revit 及 Civil3D 配合使用
	GC（Generative Components）	Bentley 公司研发的参数化建模插件
	HYBIM 水暖电设计软件	鸿业公司研发的基于 Revit 的机电专业设计软件
专项建模	Tekla	钢结构深化软件
	Rhino	通用建模软件，通常用于幕墙 BIM 深化

常见 BIM 类其他软件 表 1-4-2

软件类别	软件名称	主要功能
模型展示	Fuzor	BIM 模型实时渲染、虚拟现实、进度模拟软件
	Lumion	BIM 模型实时渲染、虚拟现实软件
	Twinmotion	基于 Unreal 引擎的模型实时渲染、虚拟现实软件
	Enscape	BIM 模型实时渲染、虚拟现实制作软件

续表

软件类别	软件名称	主要功能
分析计算	PKPM 系列软件	中国建筑科学研究院建筑工程软件研究所开发工程管理分析软件
	Autodesk Robot	基于有限元的结构分析计算软件
	Ecotect	绿色建筑分析软件
	YJK-A	盈建科开发的建筑结构分析软件
算量提取（土建、安装等）	晨曦 BIM 算量	福建晨曦科技推出的基于 Revit 的算量软件
	鲁班 BIM 算量	鲁班公司开发的系列算量软件
	广联达 BIM 算量	广联达公司开发的系列算量软件
	品茗 BIM 算量	杭州品茗出品的算量工具
BIM 资源管理	构件坞	广联达研发的 Revit 族库管理器
	族库大师	红瓦科技研发的 Revit 族库管理器
	族立得	鸿业科技出品的族管理器
BIM 整合软件	Navisworks	Autodesk 公司研发的 BIM 整合工具
	Solibri	基于 IFC 格式的信息检查软件
	BIM 5D	广联达公司出品的模型及成本信息整合工具
	Navigator	Bentley 公司推出的 BIM 整合及浏览工具
BIM 协作管理	Vault	Autodesk 公司出品的协同工作平台
	Project Wise	Bentley 公司出品的协同工作平台

注：表格中部分公司名称使用了简称。

（4）建筑信息模型（BIM）相关硬件

硬件配置在软件技术的发展上有着很重要的影响，硬件本身的发展也很迅速。这里根据 "1+X" BIM 证书考点申请的硬件要求列出以下参考硬件配置（表 1-4-3）。

硬件配置 表 1-4-3

仪器设备名称	描述	数量
BIM 教师工作站	高性能台式机算机（参考配置：I7 处理器，3.4G 主频或以上；32G DDR3 内存；4G 独立显卡或以上；其他标配）	5 台
学生用电脑	高性能台式机算机（参考配置：I7 处理器，3.4G 主频或以上；32G DDR3 内存；最大支持 32G 内存；2G 独立显卡或以上；其他标配）	100 台
多媒体设备	投影机（含幕布）、中控台、中控一体机	1 套
服务器及配套机柜、交换机	系统服务器或者服务器配置要求（2 * 四核 XEONE5 或以上处理器；32ECC 或以上内存；硬盘 4T 或以上；机架式机箱；其他标配）	1 组
网络设备	采用千兆网线	1 组

（5）建筑信息模型（BIM）建模精度等级

为了满足工程在不同阶段的表达，BIM 模型有不同的表达深度，称之为模型深度等级（Level of Detail，LOD）。模型在规划设计阶段可仅表达具有高度和外观轮廓的基本几何图形,而在施工图阶段则需要表达包括墙、门、窗细节在内的更深层级数据和内容。国际上,通常采用LOD100~LOD500来表达不同阶段的模型深度(表1-4-4)。通常LOD100用来表达概念方案阶段的模型深度;LOD200用来表达初设阶段的模型深度;LOD300用来表达施工图阶段的模型深度;LOD400用来表达施工阶段的模型深度;LOD500用来表达竣工阶段的模型深度。通常,LOD500与LOD400在模型深度上是一致的,但由于LOD500侧重于运营交付,因此二者在信息的深度要求上完全不同。不同的LOD等级决定了模型的详细程度,也决定了BIM模型的成果要求,是BIM领域中非常重要的概念。

建模精度等级 表 1-4-4

名称	阶段	内容
LOD100	概念化	等同于概念设计,此阶段的模型通常为表现建筑整体类型分析的建筑体量,分析包括体积,建筑朝向,每平方米造价等
LOD200	方案或扩大初步设计	等同于方案设计或扩初设计,此阶段的模型包含普遍性系统包括大致的数量,大小,形状,位置以及方向。 LOD200模型通常用于系统分析以及一般性表现目的
LOD300	精确构件(施工图及深化施工图)	模型单元等同于传统施工图和深化施工图层次。此模型已经能很好地用于成本估算以及施工协调包括碰撞检查,施工进度计划以及可视化。 LOD 300模型应当包括业主在BIM提交标准里规定的构件属性和参数等信息
LOD400	加工	此阶段的模型被认为可以用于模型单元的加工和安装。 LOD400模型更多地被专门的承包商和制造商用于加工和制造项目的构件包括水电暖系统
LOD500	竣工	最终阶段的模型表现项目竣工的情形。模型将作为中心数据库整合到建筑运营和维护系统中。 LOD500模型将包含业主BIM提交说明里制定的完整的构件参数和属性

我国在2019年6月1日正式实行《建筑信息模型设计交付标准》GB/T 51301—2018,其对模型深度等级做了进一步的定义。在该标准中,模型深度等级被定义为"模型精细度"(表1-4-5),并定义了LOD1.0~LOD4.0的模型精细度基本等级,建筑信息模型包含的最小模型单元应由模型精细度等级衡量。其通过指定在不同等级中出现的最小模型单元来描述LOD的等级。

模型精细度基本等级划分 表 1-4-5

等级	英文名	代号	包含的最小模型单元
1.0级模型精细度	Level of Model Definition 1.0	LOD1.0	项目级模型单元
2.0级模型精细度	Level of Model Definition 2.0	LOD2.0	功能级模型单元
3.0级模型精细度	Level of Model Definition 3.0	LOD3.0	构件级模型单元
4.0级模型精细度	Level of Model Definition 4.0	LOD4.0	零件级模型单元

（6）建筑信息模型（BIM）相关标准及技术政策

相关标准主要包括：《建筑信息模型应用统一标准》GB/T 51212—2016；《建筑信息模型分类和编码标准》GB/T 51269—2017；《建筑信息模型施工应用标准》GB/T 51235—2017；《建筑信息模型设计交付标准》GB/T 51301—2018；《建筑工程设计信息模型制图标准》JGJ/T 448—2018；《全国 BIM 应用技能考评大纲》(中国建设教育协会)。

（7）项目文件管理、数据共享与转换

BIM 的项目数据共享与共享，一般通过两种方式：①借助平台；②利用万能的数据格式。目前 IFC 标准的数据格式已经成为全球不同品牌、不同专业的建筑工程软件之间创建数据交换的标准数据格式。一般认为，软件通过了 BSI 的 IFC 认证标志着该软件产品真正采用了 BIM 技术。为了让学生清晰明了地掌握此知识点，本教材总结以下常考点方便学生备考。

1）建筑信息模型交付常见有以下几类文件：建筑工程信息模型、模型工程视图/表格、碰撞检测报告、BIM 策略书、工程量清单、视频文件；

2）BIM 软件之间信息传递方式：双向互导、单向传递、中间翻译、间接互用；

3）BIM 模型一般拆分原则：按专业拆分、按防火分区拆分、按楼号拆分、按施工缝拆分、按楼层拆分；

4）BIM 格式：IFC（标准文件交换格式）、IFCXML、CITUGMY、COLLADA；

5）公共数据环境：CDE。

（8）项目管理流程、协同工作知识与方法

BIM 协同管理流程概念在于单一模型由多人进行建置，并于 BIM 项目执行中随时进行同步、整合模型，实时取得最新信息。而模型建置作业过程复杂繁琐，由多位 BIM 工程师同步建立，也存在着人为操作风险，由于在 BIM 建模协同作业中一直存在着人为作业的风险，如果没有搭配完善的管理模式以降低人为作业风险概率，难以发挥 BIM 建模协同作业的效益。因此企业导入 BIM 需要运用建模协同作业管理的模式，发挥其整合与同步的功能。

本教材整理了一些常考知识点：

1）项目管理基本原则：实现总目标是准绳、沟通是基本理念、保持各项工作协调有序；

2）BIM 项目综合管理：BIM 造价管理、BIM 设计管理、BIM 施工管理；

3）BIM 出图：综合管线图、综合结构留洞图、碰撞报告和改进方案、效果图、漫游动画图；

4）BIM 需求分析：需求调研与分析；

5）应用与持续优化：产品培训、应用线上、维护与升级。

（9）BIM 在项目各个阶段的应用

1）规划阶段：BIM 体量建模、场地分析、建筑策划；

2）设计阶段：方案论证、可视化设计、协同设计、性能化分析（日照分析、建筑物动态热模拟、建筑声环境分析、室外风环境分析等）；

3）施工阶段：施工图深化（管线综合、碰撞检查、洞口预留、标准族库建立等）、工程量校验、施工进度模拟、施工组织模拟、物料跟踪、施工现场配合管理（CI 场地管理等）、竣工模型建立；

4）运行维护阶段：资产管理、空间管理、能耗管理、设施维护管理、公共安全管理等。

3. 相关法律法规

考查的法律法规包含《中华人民共和国建筑法》《中华人民共和国招标投标法》《中华人民共和国劳动法》等相关知识。

1.4.2 职业技能等级要求

建筑信息模型（BIM）职业技能等级考核要求在 BIM 建模方面，初级的技能要求主要是能运用建筑信息模型建模软件建立模型，具体的技能要求点参见表 1-4-6。

BIM 职业技能初级要求表   表 1-4-6

职业技能	技能要求
工程图纸识读与绘制	（1）掌握建筑类专业制图标准，如图幅、比例、字体、线型样式，线型图案、图形样式表达、尺寸标注等； （2）掌握正投影、轴测投影、透视投影的识读与绘制方法； （3）掌握形体平面视图、立面视图、剖视图、断面图、局部放大图的识读与绘制方法
BIM 建模软件及建模环境	（1）掌握 BIM 建模的软件、硬件环境设置； （2）熟悉参数化设计的概念与方法； （3）熟悉建模流程； （4）熟悉相关 BIM 建模软件功能； （5）了解不同专业的 BIM 建模方式
BIM 建模方法	（1）掌握标高、轴网的创建方法； （2）掌握实体创建方法，如墙体、柱、梁、门、窗、楼地板、屋顶与天花板、楼梯、管道、管件、机械设备等； （3）掌握实体编辑方法，如移动、复制、旋转、删除等； （4）掌握实体属性定义与参数设置方法； （5）掌握在 BIM 模型中生成平、立、剖、三维视图的方法
BIM 标记、标注与注释	（1）掌握标记创建与编辑方法； （2）掌握标注类型及其标注样式的设定方法； （3）掌握注释类型及其注释样式的设定方法
BIM 成果输出	（1）掌握明细表创建方法； （2）掌握图纸创建方法； （3）掌握 BIM 模型的浏览、漫游及渲染方法； （4）掌握模型文件管理与数据转换方法

1.5 职业技能等级（初级）评价

按照建筑信息模型（BIM）职业技能等级考核要求，职业技能等级考核评价分为理论知识与专业技能两部分（表 1-5-1）。

BIM 职业技能初级考评表 表 1-5-1

考评内容		分值
理论知识	职业道德、基础知识	20
专业技能	工程图纸识图与绘制	80
	BIM 建模软件建模环境	
	BIM 建模方法	
	BIM 属性定义与编辑	
	BIM 成果输出	
合计		100

1.6 初级样题 (理论题) 解析

本教材参照"1+X"BIM 初级考试样题做了试题解析，该样题仅供题型样式参考使用。

1. 单项选择题 (20×0.5=10 分)

(1) BIM (Building Information Modeling) 的中文含义是? (　　)

A. 建筑信息模型　　　　　　　　　B. 建筑模型信息

C. 建筑信息模型化　　　　　　　　D. 建筑模型信息化建模

【试题解析】答案：A 项。本题属于简单难度，考查的是 BIM 的全称，是 BIM 相关知识里的基础知识。

(2) 以下选项中不属于 BIM 基本特征的是? (　　)

A. 可视化　　　　B. 协调性　　　　C. 先进性　　　　D. 可出图性

【试题解析】答案：C 项。本题属于简单难度，考查的是 BIM 的基本特征，其基本特征包括可视化、协调性、模拟性、优化性和可出图性。

(3) 当前在 BIM 工具软件之间进行 BIM 数据交换可使用的标准数据格式是? (　　)

A. GDL　　　　　B. IFC　　　　　C. LBIM　　　　　D. GJJ

【试题解析】答案：B 项。本题属于简单难度，考查的是 BIM 在进行数据交换的文件后缀，2008 年由中国建筑科学研究院、中国标准化研究院等单位共同起草了工业基础类平台规范（国家指导性技术文件）。此标准等同采用 IFC，在技术内容上与其完全保持一致，仅为了将其转化为国家标准，并根据我国国家标准的制定要求，在编写格式上作了一些改动。故本题选择 B 项。题中 GDL 是广联达电力 8.0 清单计价单位工程文件的后缀；LBIM 是鲁班图形模型软件后缀；GJJ 目前不是标准数据格式后缀。

(4) 国际上，通常将建筑工程设计信息模型建模精细度分为几级? (　　)

A. 3　　　　　　B. 4　　　　　　C. 5　　　　　　D. 6

【试题解析】答案：C 项。本题属于简单难度，考查的是建筑工程设计信息模型的精度等级划分，按现行规则划分等级为 5 级。一级概念性，二级近似几何，三级精确几何，四级加工制造，五级建成竣工。

（5）与传统方式相比，BIM 在实施应用过程中是以（　　　　）为基础进行工程信息的分析、处理。

A. 设计施工图 　　　　　　　　　B. 结构计算模型

C. 各专业 BIM 模型 　　　　　　D. 竣工图

【试题解析】答案：C 项。本题属于中等难度，考查的是 BIM 在实施应用与传统方式在分析和处理上的优势。

（6）以下视图中不能创建轴网的是？（　　　　）

A. 剖面视图 　　　　　　　　　　B. 立面视图

C. 平面视图 　　　　　　　　　　D. 三维视图

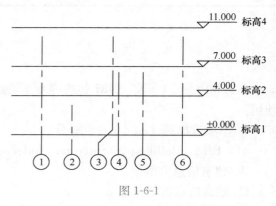

图 1-6-1

【试题解析】答案：D 项。本题属于简单难度，考查的是在二维和三维的相关概念，轴网是在二维视图中的绘图辅助工具，不具备实体性。而三维视图已经不是二维范畴，在三维视图中只能对实体进行操作。当然此处可以简单记忆，平面、立面、剖面视图可以创建轴网。

（7）如图所示，图 1-6-1 中在标高 3 上不显示的轴网有（　　　　）。

A. 1、3、6 　　　　　　B. 2、4、5

C. 1、5、6 　　　　　　D. 2、4、6

【试题解析】答案：B 项。本题属于中等难度，考查的轴线和标高的空间与平面概念。依照题目需要选择的是图中并未和标高 3 相交的轴线。

（8）下面哪一项不属于我国现阶段 BIM 应用国情（　　　　）。

A. 软件间数据交互难度大

B. 目前市场上还没有成熟的适合中国国情的、应用于施工管理的 BIM 软件

C. 无法进行成本控制

D. 信息与模型关联难度大

【试题解析】答案：C 项。本题属于简单难度，考查的是 BIM 在我国的应用程度，属于常识性题，随着行业发展，此类型题目的答案也会有所变化。

（9）下面哪一项不是一般模型拆分原则（　　　　）。

A. 按专业拆分 　　　　　　　　　B. 按进度拆分

C. 按楼层拆分 　　　　　　　　　D. 结构层高表

【试题解析】答案：B 项。本题属于较难难度，考查的是模型的拆分原则。模型拆分可以按照专业进行拆分、按照防火分区拆分、按照楼号进行拆分、按照施工缝进行拆分、按照楼层进行拆分。

（10）创建标高时，关于选项栏中"创建平面视图"选项，说法错误的是（　　　　）。

A. 如果不勾选该选项，绘制的标高为参照标高或非楼层的标高

B. 如果不勾选该选项，绘制的标高标头为蓝色

C. 如果不勾选该选项，在项目浏览器里不会自动添加"楼层平面"视图

D. 如果不勾选该选项，在项目浏览器里不会自动添加"天花板平面"视图

【试题解析】答案：B 项。本题属于中等难度，如果不勾选，绘制的标高标头为白色。

(11) 如图 1-6-2 所示，图中的墙连接方式为（   ）。

A. 平接　　　　　　　　B. 斜接

C. 方接　　　　　　　　D. 正接

【试题解析】答案：B 项。本题属于简单难度。本题考查的是墙体的连接方式，在软件绘制墙体连接时中只有平接、斜接和方接三种方式，本题图中的连接方式是斜接。

图 1-6-2

(12) 构成叠层墙的基本图元包括（   ）。

A. 基本墙、复合墙、分割缝　　　　B. 基本墙、幕墙、分割缝

C. 复合墙、分割缝、墙饰条　　　　D. 基本墙、墙饰条、分割缝

【试题解析】答案：D 项。本题属于简单难度，本题考查的是墙体构成基本图元，基本图元是指系统默认的内置族存在的图元，是绘制构件最基本的类型。

(13) 如图 1-6-3 所示，创建的视图无法旋转，其原因是？（   ）

A. 三维视图方向锁定　　　　　　　B. 该图为渲染图

C. 正交轴侧图无法旋转　　　　　　D. 正交透视图无法旋转

【试题解析】答案：A 项。本题属于简单难度，在视图控制栏中的"解锁的三维视图" 可以实现对三维视图锁定，从而无法旋转，其他选项均不影响旋转。

(14) 使用什么方法完成如图 1-6-3 所示类似幕墙的屋顶模型制作？（   ）

A. 制作幕墙　　　　　　　　　　　B. 制作屋顶，并将材质设置为玻璃

C. 制作屋顶，将类型设置为玻璃斜窗　D. 使用面屋顶，并设置幕墙网格

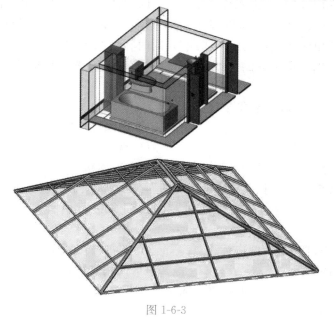

图 1-6-3

【试题解析】 答案：C项。本题属于中等难度，垂直构件要用幕墙网格划分，而水平类构件要利用屋顶中的玻璃斜窗，进而划分网格，设置竖梃。

（15）如果需要修改图1-6-4中各尺寸标注界线长度一致，最简单的办法是（　　　　）。

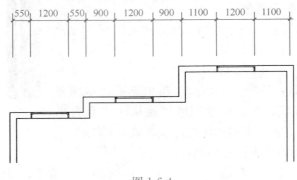

图 1-6-4

A. 修改尺寸标注的类型属性中的"尺寸界线控制点"为"图元间隙"

B. 修改尺寸标注的类型属性中的"尺寸界线控制点"为"固定尺寸标注线"

C. 修改尺寸标注的实例型属性中的"尺寸界线控制点"为"固定尺寸标注线"

D. 使用对齐工具

【试题解析】 答案：B项。本题属于中等难度，图元间隙为图中的效果，尺寸界线控制点为类型属性参数而不是实例属性参数，有图元间隙和固定尺寸标注线两个可选，最简单的办法是选固定尺寸标注线。软件实操解题技巧：可以在模型中快速创建类似形状，调整参数测试。

（16）如何一次性使视图中的建筑立面边缘线条变粗（　　　　）。

A. 使用"线处理"工具　　　　　　　B. 在视图的"可见性"对话框中设置

C. 采用"带边框着色"的显示样式　　D. 图形显示选项卡中设置轮廓

【试题解析】 答案：D项。本题属于简单难度，本题考查的是BIM软件的基础操作。在软件快速访问栏里将线条切换成"粗线"，同时在视图的"图形"面板中右下角的小三角，将图形选项弹出。将轮廓的边线调为"宽线"。只有两者同时设置才能实现边缘线变粗。

（17）视图样板中管理的对象不包括（　　　　）。

A. 相机方位　　　　　　　　　　　B. 模型可见性

C. 视图详细程度　　　　　　　　　D. 视图比例

【试题解析】 答案：A项。本题属于简单难度。相机是在"视图"选项卡"创建面板"里"三维视图"工具下拉菜单中的"相机"，其他选项都可以在视图样板中管理。

（18）如图1-6-5所示，需要标注时对同一对象进行两种单位标注，如何进行操作（　　　　）。

A. 建立两种标注类型，两次标注　　B. 添加备用标注

C. 无法实现该功能　　　　　　　　D. 使用文字替换

【试题解析】 答案：B项。本题属于简单难度，本题考查的是标注的操作，在标注的类型属性、文字属性设置中有备有标注，可设置备用单位、备用单位格式，实现同一处标

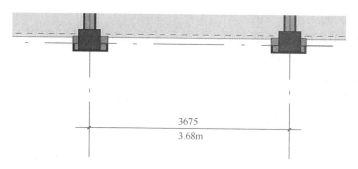

图 1-6-5

注用两种不同的单位表示。

（19）结构施工图设计模型的关联信息不包括（　　　）。

A. 构件之间的关联关系　　　　　　　　　B. 模型与模型的关联关系

C. 模型与信息的关联关系　　　　　　　　D. 模型与视图的关联关系

【试题解析】答案：B项。本题属于较难难度，结构施工图设计模型是包含构件之间、模型与信息之间还有模型与视图之间的关联关系的。

（20）如何统计出项目中不同对象使用的材料数量，并且将其统计在一张统计表中（　　　）。

A. 使用材质提取功能，分别统计，导出到 Excel 中进行汇总

B. 使用材质提取功能，设置多类别材质统计

C. 使用明细表功能，将材质设置为关键字

D. 使用材质提取功能，设置材质所在族类别

【试题解析】答案：B项。本题属于中等难度，考查的是材料统计问题，在软件操作时选择视图＞明细表＞材质提取中，在新建材质提取中选择多类别材质提取，完成相应设置可以统计出同一项目中不同对象使用的材料数量。

2. 多项选择题（10×1＝10 分）

（1）关于 BIM 说法正确的是（　　　）。

A. BIM 是建筑学、工程学及土木工程的新工具

B. BIM 是指建筑物在设计和建造过程中，创建和使用的"可计算数码信息"

C. BIM 的解释是"建筑信息模型"

D. BIM 为一种"结合工程项目资讯资料库的模型技术"

E. BIM 是以建筑信息模型技术为基础，集成了建筑工程项目各种相关信息的工程数据模型

【试题解析】答案：ABCD 项。本题属于简单难度，BIM 是以三维数字技术为基础，而非以建筑信息模型技术（BIM）为基础。三维数字技术是指：运用三维工具来实现模型的虚拟创建、修改、完善、分析等一系列的数字化操作技术。

（2）要在图例视图中创建某个窗的图例，以下做法正确的是（　　　）。

A. 用"注释-构件-图例构件"命令，从"族"下拉列表中选择该窗类型

B. 可选择图例的"视图"方向

C. 可设置图例的主体长度值

D. 图例显示的详细程度不能调节，总是和其在视图中的显示相同

E. 窗的尺寸标注是它的类型属性

【试题解析】答案：ABC 项。本题属于简单难度，图例的详细程度可以调节，窗的尺寸标注不是窗的类型属性，窗的尺寸标注需要用单独的命令实现。

（3）以下哪些选项是 BIM 建模软件应具备的功能（   ）。

A. 精确定位   B. 自定义构件

C. 专业属性设置   D. 模型视图的一致性

E. 模型的漫游浏览功能

【试题解析】答案：ABCD 项。本题属于简单难度，漫游浏览功能不是建模软件必须具备的功能，是漫游软件应具备的功能。

（4）BIM 软件按功能可分为三大类，下列选项中哪些是正确的（   ）。

A. BIM 环境软件   B. BIM 设计软件

C. BIM 可视化软件   D. BIM 平台软件

E. BIM 工具软件

【试题解析】答案：ADE 项。本题属于中等难度，BIM 软件按功能可分为 BIM 环境软件、BIM 平台软件和 BIM 工具软件。设计施工运维是按照项目生命周期划分的种类，目前模型软件都能实现可视化，所以不属于功能划分范围。

（5）使用过滤器列表按规程过滤类别，其类别类型包括（   ）。

A. 建筑   B. 机械

C. 协调   D. 管道

E. 规程

【试题解析】答案：ABCE 项。本题属于简单难度，是软件操作的基本功能考查。使用过滤器列表过滤类别，包括建筑、结构、机械、电气和管道五种。解题技巧：在软件中，用快捷键 VV，查看过滤器列表中规程的内容。在属性中规程中可以选到建筑、机械、电气、协调和卫浴，两个地方有所不同。

（6）在设置"图形显示选项"视图样式光线追踪为灰色，则可以判断该视图可能为（   ）。

A. 三维视图   B. 楼层平面视图

C. 天花板视图   D. 立面视图

E. 剖面视图

【试题解析】答案：BCDE 项。本题属于简单难度，"光线追踪"在视图控制栏的"视觉样式"中，三维视图状态下光线追踪可用，不是灰色，其他选项中的为灰色。

（7）要缩短渲染图像所需的时间，下列方法中哪些是正确的？（   ）

A. 隐藏不必要的模型图元   B. 减少材质反射表面的反射次数

C. 将视图的详细程度修改为精细   D. 减小要渲染的视图区域

E. 选择多个构件

【试题解析】答案：ABD 项。本题属于中等难度，要减少渲染时间，构件要少，视图详细程度改为粗略。选项 A 和 D 中减少了需要渲染的构件数量；B 项材质反射面的反射

次数少，也可以减少渲染时间。

（8）BIM 构件资源库中应对构件进行管理的方面是（　　　）。

A. 命名   B. 分类

C. 位置信息   D. 数据格式

E. 版本信息

【试题解析】答案：ABDE 项。本题属于较难难度，BIM 构件资源库无法管理位置信息。

（9）下列关于建筑剖面图的说法不正确的是（　　　）。

A. 用正立投影面的平行面进行剖切得到的剖面图称为纵剖切面

B. 用侧立投影的平行面进行剖切得到的剖面图称为纵剖切面

C. 用正立投影面的平行面进行剖切得到的剖面图横剖切面

D. 剖面图指房屋的垂直或水平剖面图

E. 用侧立投影的平行面进行剖切得到的剖面图称为横剖切面

【试题解析】答案：BCD 项。本题属于中等难度，纵剖面是指顺着物体轴心线的方向切断物体后所呈现出的表面。横剖面是相对于纵剖面而言的，垂直于物体走向而切割后所得到的剖面形状。

（10）下面关于修订编号的描述中，正确的是（　　　）。

A. 在"注释"选项卡中单击"云线批注"，进入云线绘制模式

B. 修订编号可定义成字母或数字

C. 修订编号不能定义前缀和后缀

D. 通过对象样式中"云线批注"，来修改云线线样式的线宽、线颜色和线型

E. 修订编号时不能按照字母顺序排序参考

【试题解析】答案：ABD 项。本题属于中等难度，修订编号可以定义前缀和后缀，编号也可以按照字母顺序排序，可以用轴网或标高编号进行测试。

2 族 与 体 量

从本部分开始主要介绍 Revit 软件操作的内容。在阐述相关操作内容之前，首先简单介绍 Revit 软件的界面，如图 2-0-1 所示，方便考生把握操作界面中各类模块的称呼。

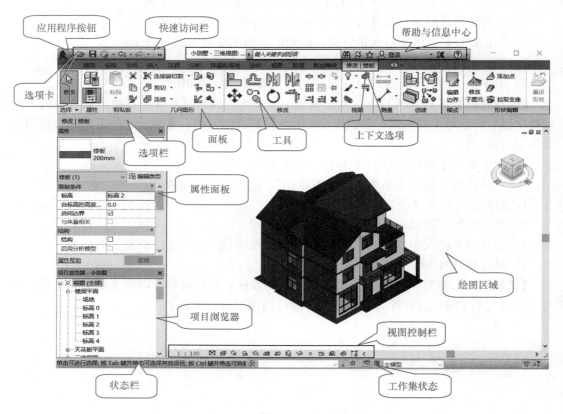

图 2-0-1

本部分内容，即族与体量，主要考查考生在自定义图元方面的作图能力，该类型题目一般设置在实操试题的第一题或第二题，每题 20 分。通过对往届期考题的分析发现，该内容是必考技能点，建议考生重点复习。

后文所有例题均注有出处，例如："2020 年第三期第一题"表示"2020 年第三期'1＋X'建筑信息模型（BIM）职业技能等级考试-初级-实操试题第一题"。除此之外，由于题型与考试难度等类似，本教材还综合借鉴了中国图学学会等组织主办的"全国 BIM 技能等级考试一级试题"的部分题目，例如："图学会第八期第二题"表示"第八期'全国 BIM 技能等级考试'一级试题"第二题。

2.1 族

Revit 中的"族"是指一个包含通用属性（参数）集和相关图形表示的图元组，属于一个族的不同图元的部分或全部参数可能有不同的值，但是参数（其名称与含义）的集合是相同的，族中的这些变体称作族类型或类型。

Revit 中的族有三种：系统族、可载入族和内建族。

"系统族"是指在 Revit 中预定义的、不能将其从外部文件载入项目中、也不能将其保存到项目之外的族，它包括建筑的基本图元，如墙体、楼板、屋顶等；也包括系统设置，如标高、轴网、视口类型、图纸等。

"可载入族"是指在外部族文件（.rfa）中创建的、并可导入或载入到项目中、具有高度可自定义的特征的族，它包括建筑构件，如门、窗、家具、植物等；也包括一些注释图元，如符号和标题栏等。

"内建族"（或称内建图元、内建模型），是指需要创建当前项目专有的独特构件时所创建的独特图元，与可载入族不同的是，由于它是项目中的族，只能被当前项目所用，不能被其他项目直接载入。

考试所要求的族都是可载入族或内建族，由于可载入族与内建族建模方法基本一致，下文例题的解答中只举例介绍其中一种，另一种可参照执行。

关于族的形状创建方式，Revit 中提供了如图 2-1-1 所示的几种命令，即：拉伸、融合、旋转、放样、放样融合、空心形状。因此，以下内容按照上述形状创建方式展开讲述。

图 2-1-1

考试中，此类题目往往考查多个命令的联合应用。

在作答这类题目时，应具有反向思维能力，不仅要知道各类命令能创建什么形状，更要能够根据题目所给形状快速推导出应由哪个（或几个）命令创建。

2.1.1 拉伸

拉伸，是指二维轮廓沿着垂直于其所在平面的方向拉伸得到的三维形状，通过设置拉伸起点和拉伸终点控制拉伸长度。例如，圆拉伸得到圆柱，如图 2-1-2 所示；多边形拉伸得到多棱台如图 2-1-3 所示；某任意二维闭合轮廓拉伸，如图 2-1-4 所示；同一平面上的两个轮廓所围合区域的拉伸，如图 2-1-5 所示。

提示：二维轮廓需闭合，否则不能生成拉伸。

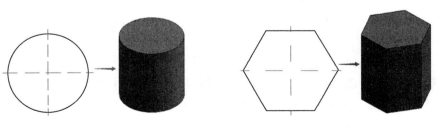

图 2-1-2   图 2-1-3

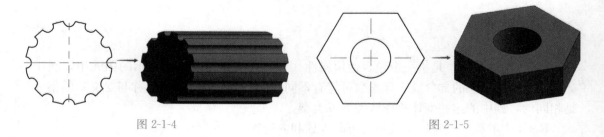

图 2-1-4   图 2-1-5

答题技巧：如遇某一断面轮廓与同它平行的所有面上的断面轮廓均完全一致，则该部分形状可考虑用拉伸来创建。

考题中，拉伸有时单独出现（如例题 2-1-1），更多时候与其他形状创建命令同时出现（如例题 2-1-2）。

【例题 2-1-1】（2020 年第三期第一题）根据图 2-1-6 给定尺寸，创建装饰柱（柱体上下、前后、左右均对称），要求柱身材质为"砖，普通，红色"，柱身两端颜色为"混凝土，现场浇筑，灰色"，请将模型以文件名"装饰柱＋考生姓名"保存至考生文件夹。

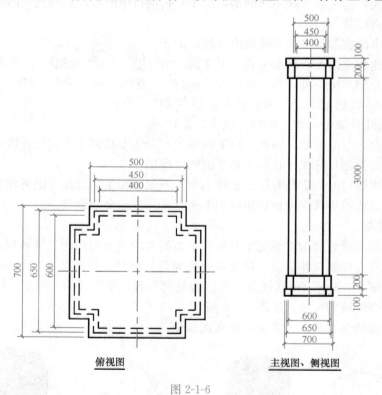

俯视图   主视图、侧视图

图 2-1-6

【分析】本题用可载入族或内建族创建均可，以下解答以可载入族举例。本题考查的是形状创建命令中的"拉伸"。结合三视图可知，该装饰柱是由五个尺寸不同的拉伸形状构成，又由于它的上下对称性，上面两个拉伸可由下面两个拉伸复制得到。

【解答】第一步，新建族。以"公制常规模型"为样板新建族。

第二步，创建参照平面。进入前立面，按照题中主视图的相应尺寸，以"参照标高"为基准，依次向上创建如图 2-1-7 所示的参照平面。

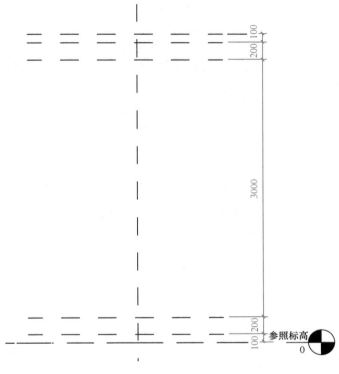

图 2-1-7

第三步，创建最底部的拉伸。转到参照标高平面，单击"创建"选项卡下的"拉伸"命令，用"直线" ∕方式创建如图 2-1-8 所示封闭轮廓，修改属性栏中的参数"拉伸终点"为 100，如图 2-1-9 所示，并单击"应用"，然后单击"完成编辑" ✔按钮，底部拉伸即创建完毕。

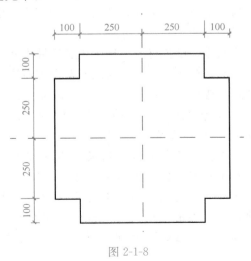

限制条件		
拉伸终点	100.0	
拉伸起点	0.0	

图 2-1-8   图 2-1-9

提示：拉伸的起点、终点，可由"限制条件"设置，也可在立面中，通过拖拽控制柄控制。

第四步，创建底部第二个拉伸。在参照标高视图继续单击"拉伸"命令，单击"拾取线"![]的作图方式，修改选项栏中的"偏移量"为25，移动鼠标至作图区域，依次拾取第三步中创建的拉伸轮廓，得到如图2-1-10所示的轮廓。修改属性栏中的参数"拉伸起点"为100，"拉伸终点"为300，单击"完成编辑"✔按钮，底部第二个拉伸即创建完毕。

第五步，创建中间的拉伸。操作方法同"第四步"，拾取前一个拉伸的轮廓，得到如图2-1-11所示的轮廓，修改属性栏中的参数"拉伸起点"为300，"拉伸终点"为3300，单击"完成编辑"✔按钮，中间的拉伸即创建完毕。

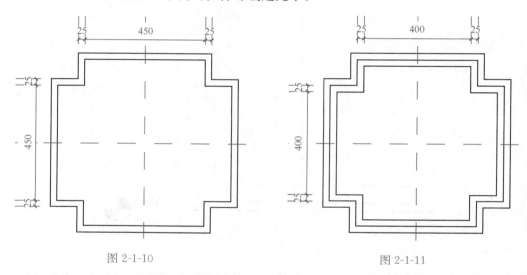

图 2-1-10　　　　　　　　　　　　　　　　图 2-1-11

第六步，复制得到柱顶的两个拉伸。由于装饰柱上下对称，顶部两个拉伸可以不必重复绘制，由底部两个拉伸复制得到。转到前立面，选中最底部的拉伸，单击"复制"![]命令，取消勾选选项栏的"约束"，指定移动的起点和终点，即完成最顶部拉伸的创建。同理，复制底部第二个拉伸，即可得到顶部第二个拉伸。至此，装饰柱模型创建完毕，三维效果图如图2-1-12所示。

第七步，设置材质。选中该装饰柱中间的拉伸（即柱身），在属性栏的"材质"参数中设置其材质为"砖，普通，红色"，选中柱其余部分拉伸（即柱端），在属性栏的"材质"参数中设置其材质为"混凝土，现场浇筑，灰色"。

第八步，保存文件。将模型以文件名"装饰柱＋考生姓名"保存至考生文件夹。

提示：绘制完成后，若需修改拉伸，则选中拉伸形状，单击"模式"面板的"编辑拉伸"命令，如图2-1-13所示即可重新进入轮廓草图模式。

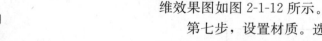

图 2-1-12　　　图 2-1-13

【例题 2-1-2】（2019 年第二期第一题）根据图 2-1-14 给定尺寸，创建柱结构，请将模型以文件名"柱体＋考生姓名"保存至考生文件夹中。

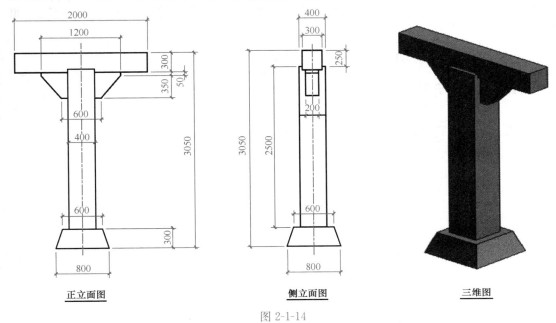

图 2-1-14

【分析】本题既考查了拉伸，又考查了融合，用可载入族或内建族创建均可，以下解答以内建族（内建模型）举例。通过观察三维图可以比较容易地得到：该柱结构可划分为四部分，即柱顶横梁、牛腿、柱身、柱脚，其中前三者均可通过拉伸绘制，柱脚可由融合绘制（结合 2.1.2 节"融合"学习）。另外，作图时，应注意拉伸轮廓所在面的选择，对于柱顶横梁和柱身，三个方向绘制轮廓均可，但牛腿只能选择在南（北）的方向绘制轮廓。

【解答】第一步，新建项目。以"建筑样板"为样板新建项目。

第二步，新建内建模型。单击"建筑"选项卡"构建"面板的"构件"下拉菜单，如图 2-1-15 所示，选择"内建模型"，在弹出的"族类别和族参数"对话框中选择"常规模型"（图 2-1-16）后点"确定"，在随后弹出的"名称"对话框中修改名称为"柱体"，单击"确定"。

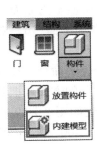

图 2-1-15

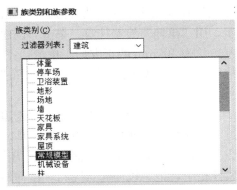

图 2-1-16

第三步，创建参照平面。进入南立面，按照题中正立面图的相应尺寸，以"标高1"为基准，依次向上创建如图 2-1-17 所示的参照平面（为方便后文引用，在此对所有参照平面进行编号），再进入标高 1 平面，绘制参照平面"8"与参照平面"1"相交，如图 2-1-18所示。

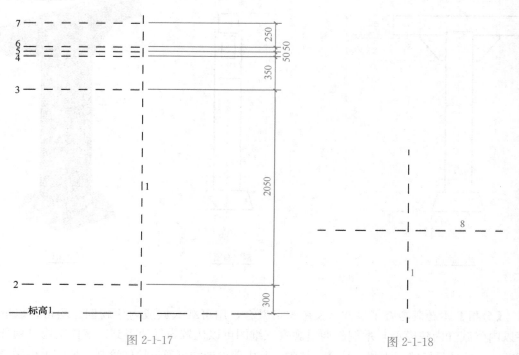

图 2-1-17　　　　　　　　　　　　　　　　　　　图 2-1-18

第四步，用"融合"绘制柱脚。单击"创建"选项卡下的"融合"命令，自动进入"修改/创建融合底部边界"上下文选项。在标高 1 平面中，用"矩形"■方式，绘制边长为 800mm 的正方形，并使正方形的中心与"1""8"平面的交点重叠。单击"编辑顶部"，此时进入"修改/创建融合顶部边界"上下文选项，切换至南立面，通过"工作平面"面板的"设置"工具，用"拾取一个平面"的方式，把参照平面"2"设置为工作面，然后转至"楼层平面：标高1"，用"矩形"■方式，绘制边长为 600mm 的正方形，并使正方形的中心与"1""8"平面的交点重叠（顶部轮廓也可直接用"拾取线"的方式，设置"100"的偏移量，拾取底部轮廓得到），单击"完成编辑"✔按钮，柱脚即创建完毕。

第五步，用"拉伸"绘制柱身。单击"创建"选项卡下的"拉伸"命令，在标高 1 平面中，绘制边长为 400mm 的正方形，单击"完成编辑"✔按钮，切换至南立面，通过拖拽上下的控制柄，分别把拉伸的"底"和"顶"拽至与平面"2"和平面"6"对齐，如图 2-1-19所示。

第六步，用"拉伸"绘制牛腿。单击"创建"选项卡下的"拉伸"命令，在标高 1 平面中，通过"工作平面"面板的"设置"工具，用"拾取一个平面"的方式，把参照平面"8"设置为工作面，然后转至"立面：南"，用"直线"✒方式创建如图 2-1-20 所示封闭轮廓，在属性栏中，把"拉伸起点"和"拉伸终点"分别设置为"－100"和"100"，单击"完成编辑"✔按钮，牛腿即创建完毕。

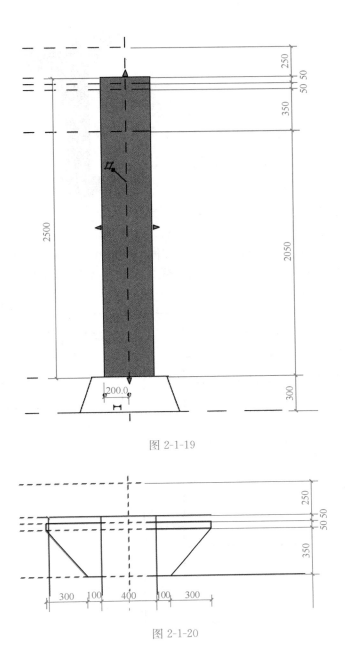

图 2-1-19

图 2-1-20

第七步，用"拉伸"绘制横梁。单击"创建"选项卡下的"拉伸"命令，在标高 1 平面中，通过"工作平面"面板的"设置"工具，用"拾取一个平面"的方式，把参照平面"1"设置为工作面，然后转至"立面：西"（或"立面：东"），用"直线" ✏ 方式创建如图 2-1-21 所示封闭轮廓，在属性栏中，把"拉伸起点"和"拉伸终点"分别设置为"－600"和"600"，单击"完成编辑" ✔ 按钮，横梁即创建完毕。

第八步，完成模型。单击"在位编辑"面板的"完成模型" ✔ 按钮，内建"柱体"模型即创建完毕，三维效果图如图 2-1-22 所示。

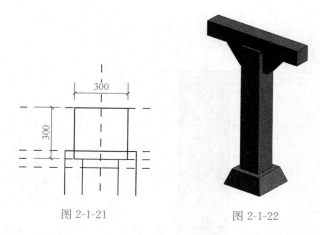

图 2-1-21 图 2-1-22

第九步，保存文件。将模型以文件名"柱体＋考生姓名"保存至考生文件夹中。

【练习】（图学会第十期第二题）根据图 2-1-23 给定尺寸生成台阶实体模型，并以"台阶"为文件名保存到考生文件夹中。

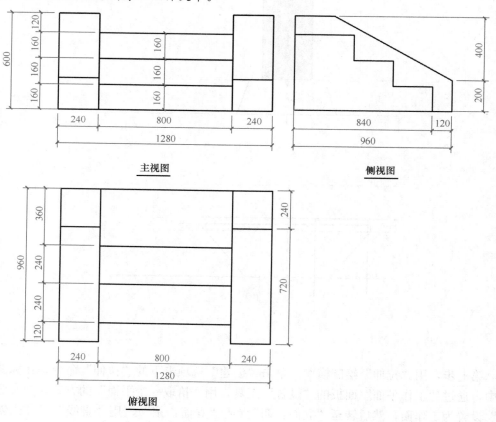

图 2-1-23

2.1.2 融合

融合，是指将两个轮廓（边界）融合在一起，这两个轮廓分别位于两个相互平行的面上，该形状将沿融合方向（即与轮廓所在面垂直的方向）发生变化，从起始形状融合到最终形状。例如，在两个平行的面上分别做两个大小不同的矩形，则融合为四棱台，如图 2-1-24 所示；在两个平行的面上分别做两个大小不同的圆形，则融合为圆台，如图 2-1-25 所示；在两个平行的面上分别做一个多边形和一个圆，则融合为如图 2-1-26 所示的形状。

提示：二维轮廓须闭合，否则不能生成融合。

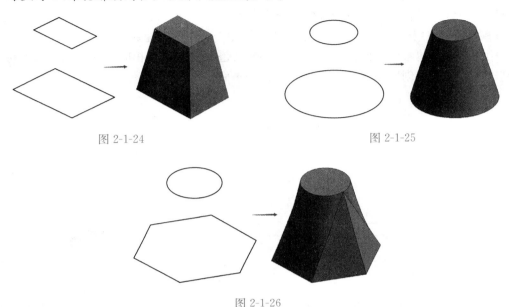

图 2-1-24   图 2-1-25

图 2-1-26

答题技巧：如遇棱台、圆台等台状图形，均可考虑用融合来创建。

考题中，融合往往与其他形状创建命令同时出现。

【例题 2-1-3】（2020 年第一期第一题）绘制仿交通锥模型，具体尺寸如图 2-1-27 给定

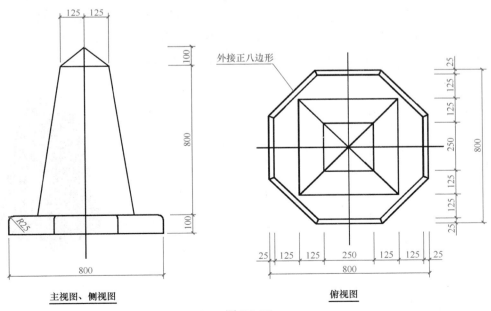

主视图、侧视图   俯视图

图 2-1-27

的投影图尺寸所示，创建完成后以"仿交通锥＋考生姓名"为文件名保存至考生文件夹中（本题目结合 2.1.3 节"放样"一节学习）。

【分析】从三视图可以得到，该仿交通锥模型可分为三部分：上部的四棱锥、中部的四棱台、下部的带倒角八棱台，其中四棱台部分可由融合得到，其余部分可用放样完成。以下解答只针对融合部分，关于放样部分可参考 2.1.3 节"放样"。

【解答】第一步，新建族。以"公制常规模型"为样板新建族。

第二步，创建参照平面。进入前立面，按照题中主视图的相应尺寸，以"参照标高"为基准，依次向上创建如图 2-1-28 所示的参照平面。

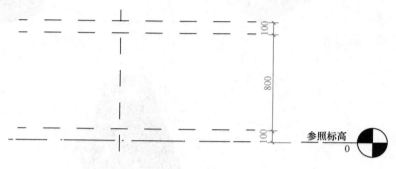

图 2-1-28

第三步，绘制中间部分的四棱台。单击"创建"选项卡下的"融合"命令，自动进入"创建融合底部边界"界面，单击"工作平面"面板的"设置"按钮，拾取高度 100mm 的参照平面作为底部轮廓所在面，然后转到参照标高平面。用"矩形" ▣ 方式，绘制边长为 500mm 的正方形，并把它移动到中心，如图 2-1-29 所示。单击"编辑顶部"命令，进入"创建融合顶部边界"界面，重新切换至前立面，同样方法设置高度 900mm 的参照平面为顶部轮廓所在面，转到参照标高平面，用"拾取线" ✗ 方式，设置选项栏的"偏移量"为 125，拾取底部轮廓线绘制边长为 250mm 的正方形，如图 2-1-30 所示。单击"完成编辑" ✔ 按钮，由融合绘制的四棱台即完成。三维效果图如图 2-1-31 所示。

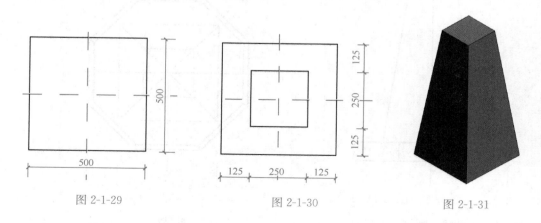

图 2-1-29   图 2-1-30   图 2-1-31

其余部分的操作可参照 2.1.3 节"放样"进行学习。

提示：绘制完成后，若需修改融合，则选中融合形状，单击"模式"面板的"编辑顶部""编辑底部"命令，如图 2-1-32 所示，可分别进入顶部和底部的轮廓草图模式。

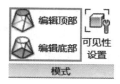

图 2-1-32

【例题 2-1-4】（2020 第五期第一题）根据图 2-1-33 给定尺寸，创建过滤器模型，材质为"不锈钢"，请将模型以"过滤器＋考生姓名"为文件名保存至本题文件夹中。

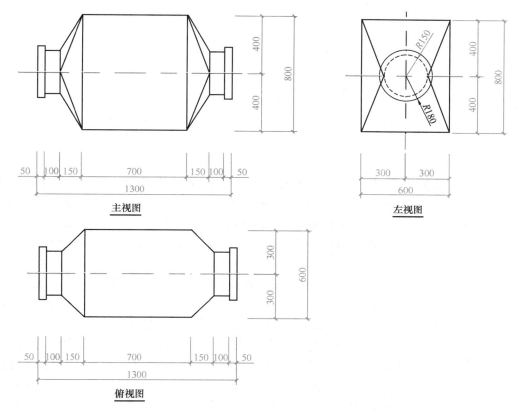

图 2-1-33

【分析】从三视图可以得到，该过滤器模型左右对称，可拆分为如图 2-1-34 所示的几部分。其中"1""2"部分各为一个圆柱体，可由拉伸得到，"4"部分为长方体，也可由拉伸得到，而"3"部分的两个底面分别为圆形和矩形，可由融合得到。

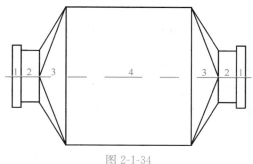

图 2-1-34

【解答】第一步，新建族。以"公制常规模型"为样板新建族。

第二步，创建参照平面。在参照标高平面图以"参照平面：中心（左右）"为基准，向右依次创建如图 2-1-35 所示的参照平面。

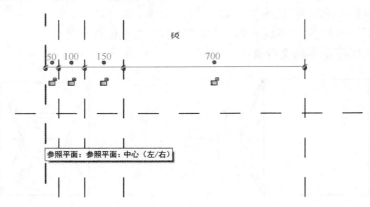

图 2-1-35

第三步，创建"1"部分。单击"创建"选项卡下的"拉伸"命令，单击"工作平面"面板的"设置"按钮，拾取"参照平面：中心（左右）"作为轮廓所在面，然后转到左立面。用"圆形" ⊙ 方式，以视图中两个平面的交点为圆心，绘制半径为 180mm 的圆，如图 2-1-36 所示。属性栏中的"拉伸终点"设置为"50"。单击"完成编辑" ✔ 按钮，"1"部分（圆柱）即创建完毕。

第四步，创建"2"部分。方法同"1"部分，只需拾取距"参照平面：中心（左右）"50mm 的参照平面作为轮廓所在面，轮廓设置为半径为 150mm 的圆，"拉伸终点"设置为"100"即可。

第五步，创建"3"部分。单击"创建"选项卡下的"融合"命令，自动进入"创建融合底部边界"界面，单击"工作平面"面板的"设置"按钮，拾取距"参照平面：中心（左右）"150mm 的参照平面作为底部轮廓所在面，转到左立面。用"圆形" ⊙ 方式，以视图

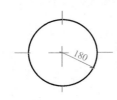

图 2-1-36

中两个平面的交点为圆心，绘制半径为 150mm 的圆。单击"编辑顶部"命令，进入"创建融合顶部边界"界面，重新切换至平面，同样方法设置距"参照平面：中心（左右）"300mm 的参照平面作为底部轮廓所在面，转到左立面，用"矩形" ▭ 方式绘制 600×800 的矩形，并把它移至中心。单击"完成编辑" ✔ 按钮，由融合绘制的"3"部分即完成，三维效果图如图 2-1-37 所示。

第六步，创建"4"部分。"4"部分是 600×800 的矩形的拉伸，方法同"1""2"，此处略。

第七步，镜像得到另一侧的"1""2""3"。选中左边的"1""2""3"部分，单击"修改"面板的"镜像-绘制轴" ⊪ 命令，拾取"4"的拉伸中点，垂直向下绘制镜像轴，另一侧的"1""2""3"即完成。整体三维效果如图 2-1-38 所示。

第八步，保存文件。将模型以"过滤器＋考生姓名"为文件名保存至本题文件夹中。

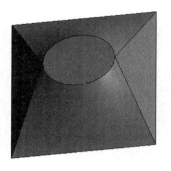

图 2-1-37

图 2-1-38

2.1.3 放样

放样是指通过沿一定路径（支持多条连续路径）放样二维轮廓所创建的三维形状。具体来说，绘制或指定放样路径，在路径自动生成的垂直截面上，绘制封闭的二维轮廓，该二维轮廓将会沿着路径生成三维形状。如图 2-1-39 所示。

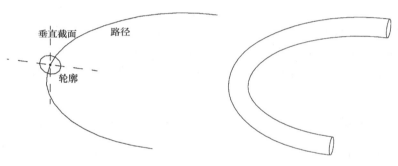

图 2-1-39

【例题 2-1-5】（2019 年第一期第一题）绘制图 2-1-40 所示墙体，墙体类型、墙体高度、墙体厚度及墙体长度自定义，材质为灰色普通砖，并参照下图标注尺寸在墙体上开一个拱门洞。以内建常规模型的方式沿洞口生成装饰门框，门框轮廓材质为樱桃木，样式见 1—1 剖面图。创建完成后以"拱门墙＋考生姓名"为文件名保存至考生文件夹中。

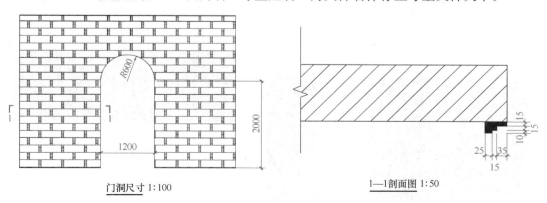

门洞尺寸 1:100   1—1 剖面图 1:50

图 2-1-40

要求：1) 绘制墙体，完成洞口创建；

2) 正确使用内建模型工具绘制装饰门框。

【分析】本题用可载入族或内建族创建均可，但是此题要绘制墙体及墙体洞口，这些构件属于项目里面的"图元"，因此用内建族绘制最合适。本题展示将以内建族为准，考查了墙体的绘制及编辑、形状创建命令中的"放样"参数化设置（材质）。

结合题干与图纸分析：首先绘制墙体并设置墙体材质，其次通过墙体的"编辑轮廓"，形成一个拱形洞，最后通过内建族的"放样"进行门框的绘制，以及生成门框材质。

【解答】第一步，新建项目。以"建筑样板"为样板新建项目。

（墙体的创建及编辑可参考"第3部分 3.1墙体"中的例题解答，此处略，直接进入门框的绘制）

第二步，创建内建族。依次选择"建筑""构件""构件"下拉选择"内建模型"，选择"常规模型"，点击"确定"进入内建族的绘制状态。

第三步，放样绘制装饰门框。在三维视图下依次选择"创建""放样"。选择"绘制路径"，进入"放样"路径的编辑，如图2-1-41所示。选择"设置工作平面"，如图2-1-42所示，进入"工作平面"对话框，在指定新的工作平面中选择"拾取一个平面"，点击"确定"退出"工作平面"对话框，在"三维"视图中选择墙体"前"立面。

通过View Cube导航，将视图调至前立面。选择拾取线" [图] "工具，拾取墙体门洞边界，注意第一条拾取线拾取"左边"竖直的门洞边界，如图2-1-43所示。路径绘制完成后，点击" [✓] "退出路径的编辑。

选择" [图] 编辑轮廓 "，通过View cube导航，将视图调至上立面。按照1—1剖面图绘制轮廓，形成如图2-1-44所示效果。点击" [✓] "退出路径的编辑，点击" [✓] "退出放样绘制。

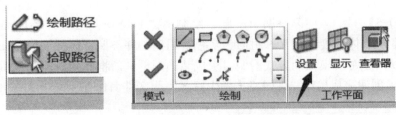

图 2-1-41   图 2-1-42

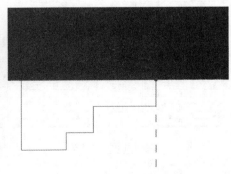

图 2-1-43   图 2-1-44

提示：

① 设置工作平面，当"绘制"工具在一个方向处于"禁止"状态时，通过设置工作平面可将绘制状态指定到新的工作（绘制）平面。指定新的工作平面有三种方式：名称（只能指定已有的名称的平面视图）、拾取一个平面（基于已有模型的平面）、拾取线并使用绘制该线的工作平面（基于线拾取）。如图 2-1-45 所示。

② "放样"绘制路径时，在第一条绘制的路径线上会生成垂直截面，这个垂直截面就是接下来轮廓绘制的平面。此题将第一条路径线绘制"左边"，是因为 1—1 剖面图在"左边"门框剖切。

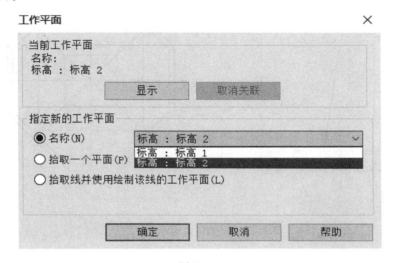

图 2-1-45

第七步，设置装饰门框材。选中门框，选择"属性"的"材质"中的"▦"，进入"材质浏览器"，搜索"樱桃木"，在搜索中选择"樱桃木"，点击"确定"退出"材质浏览器"，如图 2-1-46 所示。

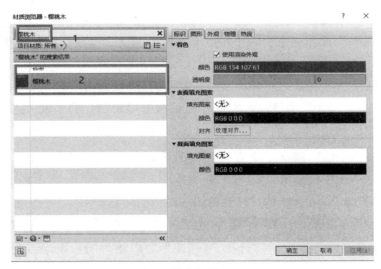

图 2-1-46

第八步，完成内建族设置。点击"完成模型"退出内建族设置。

第九步，保存文件。将模型以文件名"拱门墙＋考生姓名"保存至考生文件夹。

【例题 2-1-6】（2020 年第一期第一题）绘制仿交通锥模型，参照图 2-1-47、图 2-1-48 给定的投影图尺寸，创建完成以"仿交通锥＋考生姓名"为文件名保存至考生文件夹中。

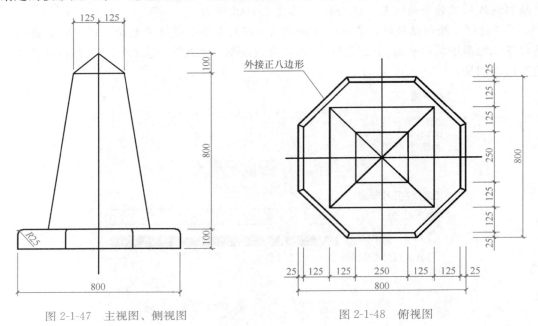

图 2-1-47　主视图、侧视图　　　　　　　　图 2-1-48　俯视图

【分析】本题用可载入族或内建族创建均可，但是此题仅需绘制"族"图元，且模型前后左右对称，因此用外部族绘制最合适。本题展示将以外部族为准，考查了"放样""融合"。

结合题干与图纸分析，将模型拆分成三部分，第一部分"放样"绘制最下面的"外接八边形"，第二部分"融合"绘制中间部分，第三部分"放样"绘制最上部分。

【解答】第一步，新建外部族。以"公制常规模型"为样板新建外部族。

第二步，"放样"绘制最下面的"外接八边形"。进入"参照标高"楼层平面图，单击"放样"。

选择"绘制路径"，选择"外接多边形 ⬡"，将边设置为"8"。以坐标系原点为起点，以"半"边长"400"为终点，完成外接正八边形绘制。为了使"参照平面"在正交方向上（方便绘制轮廓），将有参照平面的那条路径先删除，再选择"直线 ╱"补充，就可将"参照平面"调至正交方向，如图 2-1-49 所示。点击"✔"退出路径的编辑。

选择"编辑轮廓"，在弹出的"转到视图"对话框随意"右""左"立面，进入左/右立面。按照题意设置轮廓：①选择"矩形 ▭"，以"400"为宽，"100"为高，底边的端点经过两个"参照平面"原点；②选择"⊙圆形"以矩形的右上端点为圆心做半径为"25"的圆，选择"起点-终点-半径弧 ╱"以圆形与矩形的交点为起点、终点，绘制半

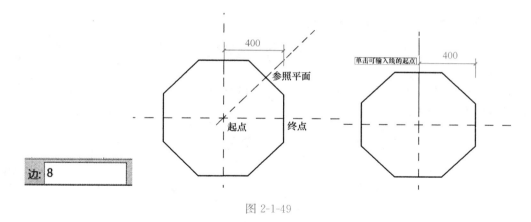

图 2-1-49

径为 25 的弧。③删除多余圆形，利用"修剪/延伸为角 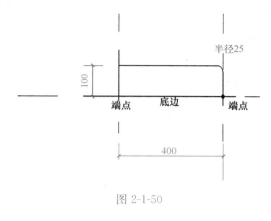"，修剪多余部分。最终形成图 2-1-50 所示效果，依次点击" ✔ "退出轮廓的编辑、"放样"编辑。

图 2-1-50

第三步，"融合"绘制中间部分。参考前文"融合"部分的此题详解。

第四步，"放样"绘制最上部分。进入"参照标高"楼层平面图，单击"放样"。

选择"绘制路径"，选择"外接多边形 ⬡"，将边设置为"4"。以坐标系原点为起点，以"半"边长"125"为终点，完成正方形路径绘制，如图 2-1-51 所示。点击" ✔ "退出路径的编辑。

选择"编辑轮廓"，在弹出的"转到视图"对话框随意"右""左"立面，进入左/右立面。按照题意设置轮廓：①选择"直线 ╱"，以"125""100"为直角边长绘制三角形轮廓，注意三角形的位置（三角形的底边距参照标高 900），最终形成图 2-1-52 所示效果，

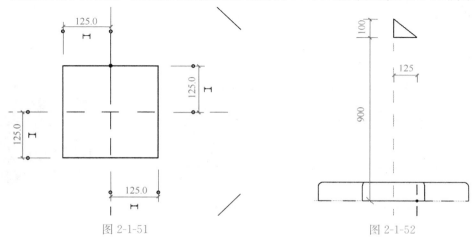

图 2-1-51　　　　　　　　　　　　　图 2-1-52

依次点击"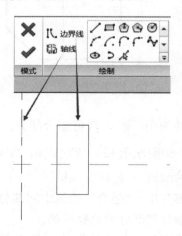"退出轮廓的编辑、"放样"编辑。

第五步，保存文件。将模型以文件名"仿交通锥＋考生姓名"保存至考生文件夹。

2.1.4　旋转

通过绕轴放样二维轮廓创建三维形状，通过设置轮廓旋转的起始角度和结束角度可以旋转任意角度，如图 2-1-53 所示。

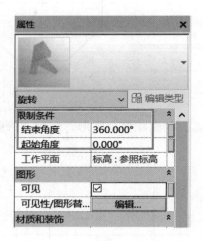

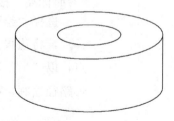

图 2-1-53

【例题 2-1-7】（2020 年第二期第一题）根据图 2-1-54 给定尺寸，创建球形喷口；要求尺寸准确，并对球形喷口材质设置为"不锈钢"，请将模型以文件名"球形喷口＋考生姓名"保存在本题文件夹中。

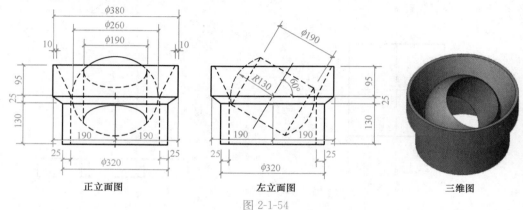

正立面图　　　　　　　左立面图　　　　　　　三维图

图 2-1-54

【分析】本题用可载入族或内建族创建均可，但是此题仅需绘制"族"图元，且模型前后左右对称，因此用外部族绘制最合适。本题考查了"旋转"。

结合题干与图纸分析，将模型拆分成两部分，第一部分"旋转"绘制外形状；第二部分"旋转"绘制内形状。

【解答】第一步，新建外部族。以"公制常规模型"为样板新建外部族。

第二步，"旋转"绘制外形状。进入"前/后立面"，单击"旋转"。依次单击"轴线 ⚙ 轴线"—"直线✏"，在竖直参照线上绘制一条旋转轴。依次单击"边界线✐ 边界线"—"直线✏"，按照图纸绘制轮廓，如图 2-1-55 所示。点击"✔"退出旋转的编辑。

第三步，"旋转"绘制外形状。进入"左后立面"楼层平面图，单击"旋转"。

依次单击"轴线 ⚙ 轴线"—"直线✏"，以竖直参照线与外形状（135 高度的中心点）交点为起点，在"60°角度"方向为终点，绘制一条旋转轴。依次单击"边界线✐ 边界线"—"圆形◉"，以旋转轴的起点为圆心，半径"130"，绘制一个圆。选择"拾取线✐"，以旋转轴为偏移参照向右下偏移"95"。选择修改面板中的"拆分图元⚙"将圆拆分，选择"修剪/延伸为角⚙"进行修剪（图 2-1-56）。点击"✔"退出旋转的编辑。

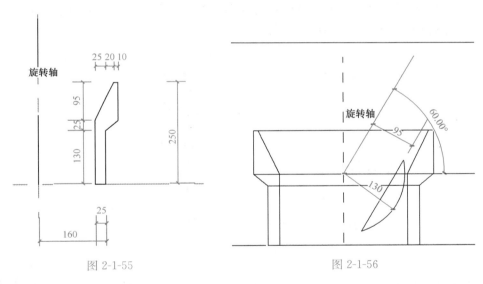

图 2-1-55　　　　　　　　　　　图 2-1-56

第四步，设置材质。选中绘制形状，选择"属性"的"材质"中的"▦"，进入"材质浏览器"。通过"新建"方式设置材质（参考放样章节，2019 年第一期第一题墙体—灰色普通砖材质的设置）。

第五步，保存文件。将模型以文件名"球形喷口＋考生姓名"保存至考生文件夹。

2.1.5　放样融合

放样融合形状在目前"1＋X"BIM（初级）往期考试中并未涉及，在行业机构考试中此考点也并未涉及。建议考生学习时以掌握定义与绘制方式作为目标。

通过两个二维轮廓沿着定义的路径（仅能绘制一条定义路径）进行融合创建三维形

状。指定模型起始与结束位置两个轮廓，两个轮廓形状可不同，沿着指定的路径融合成三维形状，如图 2-1-57 所示。

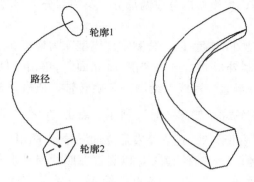

图 2-1-57

2.1.6 空心形状

空心形状，是指当它与实心形状相交时删除实心形状的一部分。空心几何图形仅剪切现有实心几何图形，如果需要空心作用于空心就位之后创建的实体上，则需要专门使用"剪切几何图形"工具（如图 2-1-58 所示）对实体进行剪切。

空心形状的创建方式与实心形状相同，如图 2-1-59 所示，仍然是拉伸、融合、旋转、放样、放样融合等命令，所以在此不再赘述。

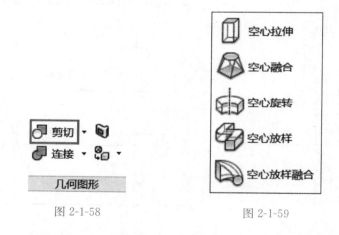

图 2-1-58   图 2-1-59

答题技巧：并不是所有带有空心的形状都必须由"空心形状"命令创建，在"拉伸""旋转""放样"等命令下，通过合理绘制轮廓线（或边界线）也能生成带有空心的形状。当上述方法不能实现空心的创建时，才考虑"空心形状"命令，这样能提高作图效率，节约答题时间。

【例题 2-1-8】（图学会第十三期第一题）根据图 2-1-60 给定的投影图及尺寸建立镂空混凝土砌块模型，投影图中所有镂空图案的倒圆角半径均为 10mm，请将模型文件以"砌块＋考生姓名"为文件名保存至考生文件夹中。

【分析】 观察三视图可以知道，该砌块模型整体可由拉伸得到（拉伸轮廓绘制于平面图，上下拉伸），左视图所得凹槽部分可由空心拉伸对实体进行剪切得到。

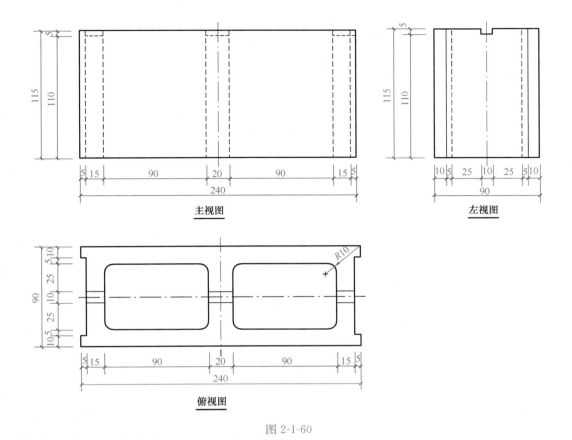

图 2-1-60

【解答】 第一步，新建族。以"公制常规模型"为样板新建族。

第二步，创建参照平面。在参照标高平面中，创建如图 2-1-61 所示参照平面。

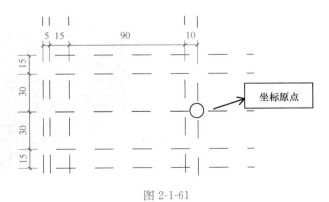

图 2-1-61

第三步，创建拉伸。单击"拉伸"命令，在参照标高平面中绘制如图 2-1-62 所示的轮廓，框选所有轮廓线，用"镜像-拾取轴"工具镜像至另一侧，如图 2-1-63 所示。修改属性栏中"拉伸起点"为"0"，"拉伸终点"为"115"，单击"完成编辑" ✔按钮，拉伸创建完毕。

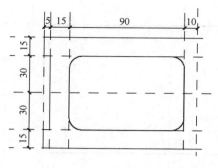

图 2-1-62

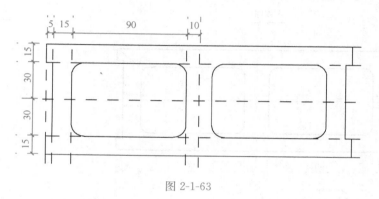

图 2-1-63

第四步，创建空心拉伸。单击"空心形状-空心拉伸"命令，把"参照平面：中心（左/右）"设置为工作平面，切换至左立面，绘制如图 2-1-64 所示的轮廓，修改属性栏中的"拉伸起点"为"－120"，"拉伸终点"为"120"，单击"完成编辑" ✔ 按钮，空心拉伸创建完毕，砌块模型完成，三维效果如图 2-1-65 所示。

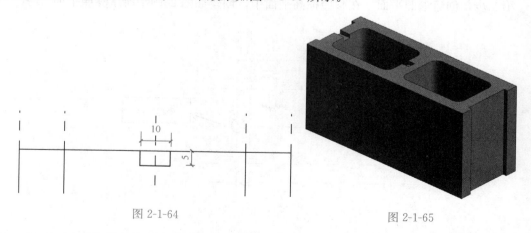

图 2-1-64

图 2-1-65

第五步，保存模型。将模型文件以"砌块＋考生姓名"为文件名保存至考生文件夹中。

【练习】（2021 年第二期第一题）根据图 2-1-66 给定尺寸，创建柱基模型，整体材质为混凝土，请将模型以"柱基＋考生姓名"文件名保存至本题文件夹中。

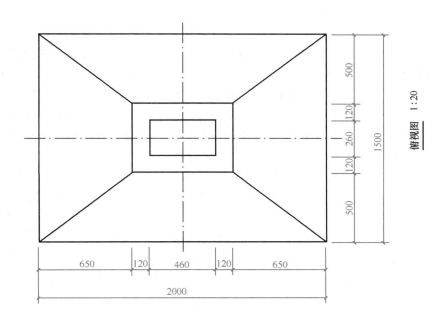

俯视图 1:20

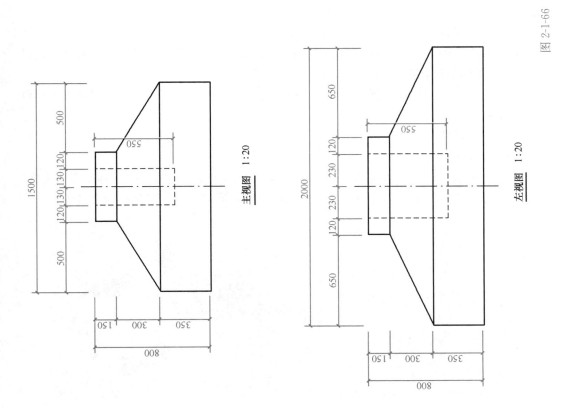

主视图 1:20

左视图 1:20

图 2-1-66

2.2　体量

体量是 Revit 中引入的一个自由建模的工具，其造型能力较强，在参数化设计以及数据管理方面有着较大优势。

同前文所讲的"族"类似，体量也可分为内建体量和概念体量（体量族）。前者是指在项目（.rvt）中创建的体量，只能用于当前项目而不能被其他项目引用，类似于族中的"内建族"；而后者是指可单独在外部创建的、并可导入或载入到项目中的体量（.rfa 格式），类似于族中的"可载入族"。这两者的建模方法基本一致。

体量的形状创建方式与族有许多相似之处。例如，族中的"拉伸""融合""旋转""放样""放样融合"以及"空心形状"等形状创建规则仍然适用与体量，但又有所不同，主要体现在：

（1）作用不同。体量主要用于创建建筑物的外轮廓，而族主要用于创建自定义构件（图元），所以从尺寸上来比较，族较小，体量较大。

（2）形体控制方式不同。体量中对"点""线""面"的处理更加灵活，它支持整体形状、某一个面、某一条线段、甚至某一个点的编辑，而族仅支持"拉伸""融合""旋转""放样""放样融合""空心形状"这几种形状创建方式。

（3）对"面构件"的处理不同。体量是支持面构件的创建的，而族不支持。

2.2.1　考点分析

体量部分的考点主要集中在以下几个方面：

（1）体量形状的创建。考查考生对"拉伸""融合""旋转""放样""放样融合"以及"空心形状"等内嵌形状创建规则的掌握程度。

（2）体量楼层及面构件的创建。包括：体量楼层以及楼板、墙、幕墙、屋顶等面构件的创建及编辑。

2.2.2　实操讲解

1. 形状的创建

以"概念体量"举例。体量环境中虽没有如图 2-2-1 所示的"拉伸""融合""旋转""放样""放样融合"等形状创建命令，但它们所对应的形状生成规则都已内嵌其中。

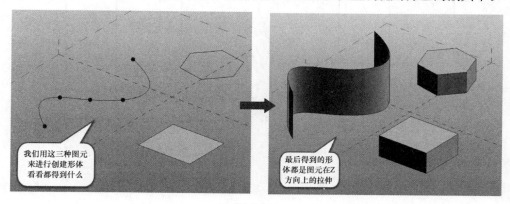

图 2-2-1

（1）创建拉伸形体

在体量环境中，选择单一的图元来创建形状（如一条线，一个封闭二维轮廓或一个面）则创建为拉伸，如图 2-2-1 所示。

（2）创建旋转形体

由线和共享工作平面的二维轮廓或表面形状来创建旋转形状。线用于定义旋转轴，二维轮廓或表面形状为绕轴旋转的边界线，如图 2-2-2 所示。

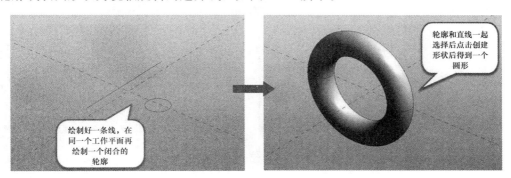

图 2-2-2

（3）创建放样形体

同时选择线和垂直于线的二维轮廓可创建放样形状，其中线用于定义放样路径，二维轮廓用于定义截面形状，如图 2-2-3 所示。

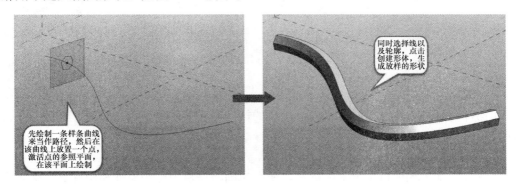

图 2-2-3

（4）创建融合形体

通过不同工作平面上的两个或者多个二维轮廓来创建融合形状，这些轮廓可以是开放的，也可以是闭合的，但必须全部为开放轮廓或全为闭合轮廓，如图 2-2-4 所示。

（5）创建放样融合形体

根据线和多个垂直于线的二维轮廓创建放样融合形状。放样融合中的线用于定义放样融合的路径，二维轮廓用于定义多个界面形状，如图 2-2-5 所示。

2. 面构件的生成

面构件的生成必须在项目中进行，若事先绘制了概念体量，可载入项目中进行面构件的操作。

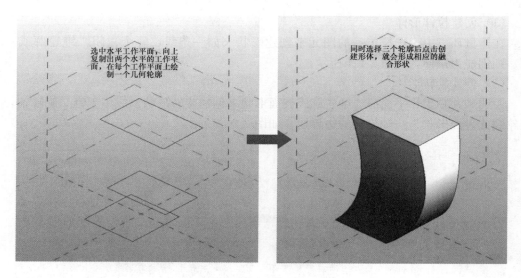

图 2-2-4

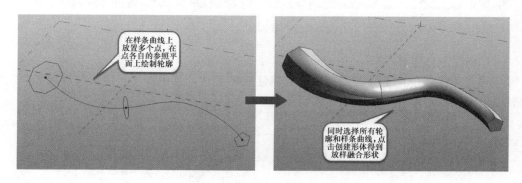

图 2-2-5

面构件，指可以通过拾取体量面而生成的构件，包括楼板、墙、屋顶、幕墙系统。在生成楼板之前，需创建体量楼层。

（1）体量楼层

体量楼层基于在项目中定义的标高，所以应确保项目中已经添加相应标高。标高完成

图 2-2-6

后，选中体量，单击"模型"面板的"体量楼层"按钮，如图 2-2-6 所示，则会弹出"体量楼层"对话框，如图 2-2-7 所示。单击"确定"则会在所勾选的标高处创建楼层，图 2-2-8 为创建了楼层的体量。

（2）面楼板、面墙、面屋顶、幕墙系统

在"体量和场地"选项卡下，选择"面模型"面板（图 2-2-9）的"楼板"命令，自动调出"修改/放置面楼板"上下文选项卡，默认"选择多个"，移动鼠标依次选择需要创建楼板的体量楼层，并在属性栏的类型选择器中选择合适的楼板类型，然后单击"多重选择"面板的"创建楼板"命令，则自动在所选楼层上创建了楼板，如图 2-2-10 所示。

面墙、面屋顶、幕墙系统与面楼板的创建方法类似，拾取体量立面，则可按照体量面的轮廓生成指定墙体，拾取体量顶面，则可按顶面轮廓生成指定屋顶，在此不再赘述。

图 2-2-7

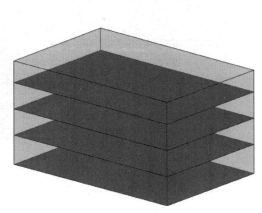

图 2-2-8

图 2-2-9

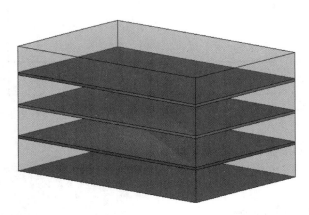

图 2-2-10

提示：体量面上的幕墙系统还往往与幕墙网格划分、竖梃设置等知识点同时考查，可参考本教材"第 3 部分 3.2 节局部建模"的相关内容进行学习。

2.2.3　经典考题剖析

【例题 2-2-1】（2019 年第一期第二题）创建图 2-2-11～图 2-2-13 所示模型：（1）面墙为厚度 200mm 的"常规－200mm 厚面墙"，定位线为"核心层中心线"；（2）幕墙系统为网络布局 600mm×1000mm（即横向网格间距为 600mm，竖向网格间距为 1000mm），网络上均设置竖梃，竖梃均为圆形竖梃半径 50mm；（3）屋顶为厚度为 400mm 的"常规

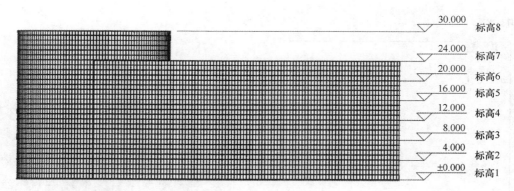

图 2-2-11　南立面图

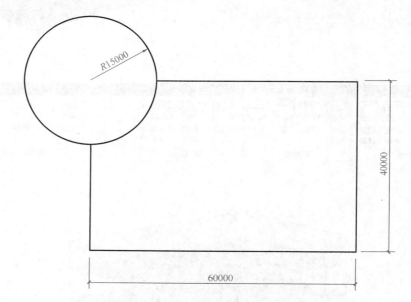

图 2-2-12　平面图

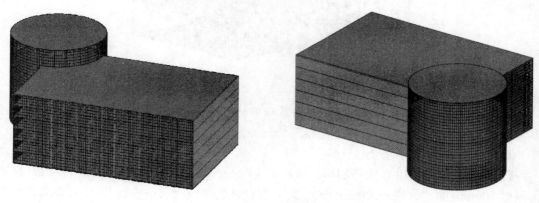

图 2-2-13　三维视图

—400mm"屋顶；（4）楼板为厚度为 150mm 的"常规—150mm"楼板，标高 1 至标高 6 均设置楼板。请将该模型以"体量楼层＋考生姓名"为文件名保存至考生文件夹中。

【分析】本题体量形状用概念体量或内建体量创建均可，但该题还需要基于体量创建墙体、楼板、屋顶、幕墙，这些构件属于项目"图元"，因此用内建体量绘制最合适。本题体量绘制以内建体量为准，考查了体量的绘制、基于体量绘制墙体、楼板、屋顶、幕墙。

结合题干与图纸分析，首先绘制标高。其次通过内建体量绘制体量体；最后通过体量体自动创建墙体、楼板、屋顶、幕墙。

【解答】第一步，新建项目。以"建筑样板"为样板新建项目。

第二步，绘制标高。进入"东""南""西""北"任意一个立面，根据此题标高特点，绘制标高时选择"阵列"进行绘制。

单击选择"标高 2"（样板中默认的标高），在"修改"工具栏选择"阵列 ▦"。在选项栏中取消勾选"成组并关联"，"项目数"设置为"7"，选择移动至"第二个"（图 2-2-14）。

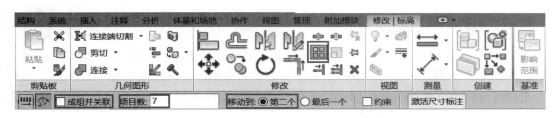

图 2-2-14

单击"标高 2"线上任意一点作为起点，鼠标垂直上移，输入间距"4000"，如图 2-2-15 所示。按键盘上的"Enter"键（或在任意空白处单击），则自动创建了标高 3～标高 8。将"标高 8"的标高值修改为"30"，如图 2-2-16 所示。

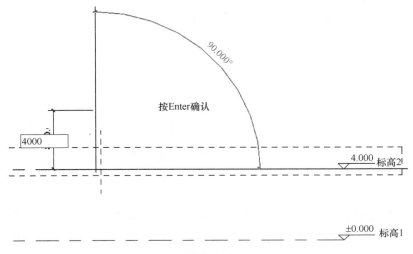

图 2-2-15

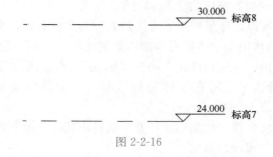

图 2-2-16

提示：

① 标高的创建一般有两种方式：一种是通过"基准"面板的"标高"工具完成；另一种是通过对已有标高进行"复制"或"阵列"完成。在此选择"阵列"方式，其他方式可参考本教材"第 4 部分 综合建模"的相关章节。

② 利用"复制"或"阵列"创建的标高，不会自动创建楼层，需手动添加。如何增加楼层平面视图，可参考"第 4 部分 综合建模"的相关章节，该题最终形成的楼层平面如图 2-2-17 所示。

图 2-2-17

第三步，绘制内建体量。在"体量和场地"选项卡下选择"内建体量"，如图 2-2-18 所示。在弹出的"名称"命名对话框中，将名称命名为"体量楼层/体量"（此处考题未明确，若考题明确则需按考题要求设置），如图 2-2-19 所示。点击"确定"进入"内建体量"界面。

图 2-2-18

图 2-2-19

绘制题目中的矩形和圆形轮廓。进入"标高 1"平面视图，选择左上角绘制面板中的"模型线 模型"，使用"矩形 "工具绘制 40000mm×60000mm 的矩形，使用"圆形 "工具绘制半径为 15000mm 的圆（以矩形左上角的端点作为圆心），如图 2-2-20 所示。

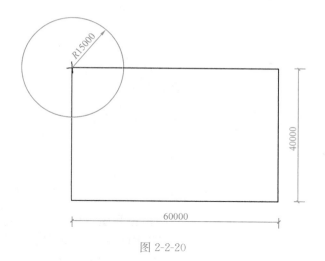

图 2-2-20

依次选择矩形和圆形，分别单击"创建形状"（如图 2-2-21 所示），则矩形和圆形分别被创建为了长方体和圆柱体。

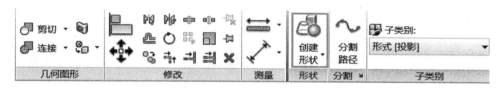

图 2-2-21

提示："创建形状"的下拉菜单有两个选项，分别为"实心形状"和"空心形状"，如图 2-2-22 所示。直接点击"创建形状"默认创建实心形状。

调整两个形体的高度使其达到题目中的要求。转到三维视图，分别选中这两个形体的"上"表面，则出现高度的临时尺寸标注，如图 2-2-23 所示。单击临时尺寸标注值可修改高度，把长方体的高度设置为 24m，圆柱体的高度设置为 30m。

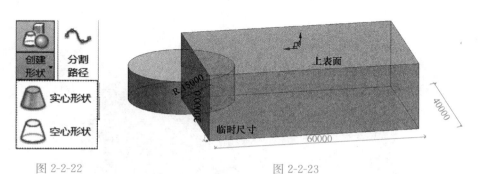

图 2-2-22　　　　　　　　　　　　　　图 2-2-23

处理连接关系。长方体和圆柱体存在相交部分，需要进行处理。单击"修改"选项卡下的"连接"命令，依次选中两个形体，将它们连接成整体，如图 2-2-24 所示。点击"完成体量✅"退出内建体量绘制。

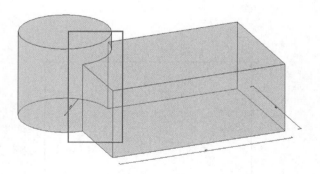

图 2-2-24

第四步，基于体量绘制楼板和屋顶。绘制楼板和屋顶体量，需注意体量楼层的选择。选中体量，在"修改"选项卡中，选择"模型"面板中的"体量楼层"，在弹出的对话框中勾选所有标高，如图 2-2-25 所示。点击确定后，形成如图 2-2-26 所示效果。

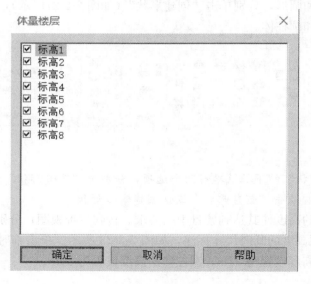

图 2-2-25

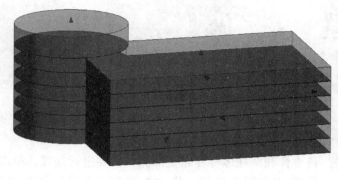

图 2-2-26

在"体量和场地"选项卡下创建面楼板和面屋顶。以面楼板为例，单击"面模型"面板的"楼板"命令，根据题意在类型选择器中选择"常规－150mm"的楼板，依次单击选择"标高1"～"标高6"楼层，单击"多重选择"面板中的"创建楼板"命令即可生成楼板。面屋顶的绘制方法与面楼板一致，这里不再赘述。

第五步，基于体量绘制墙体。题目中的墙体分为两部分：一部分是普通砖墙；另一部分是玻璃幕墙。

创建砖墙。单击"体量和场地"选项卡下"面模型"面板的"墙"命令，在类型选择器中选择"常规－200mm"的墙体，属性栏中的"定位线"设置为"核心层中心线"，按照题意拾取需要形成墙体的两个体量面创建墙体。

创建玻璃幕墙。单击"体量和场地"选项卡下"面模型"面板的"幕墙系统"命令，单击"属性栏"中的"编辑类型"，在弹出的"类型属性"对话框中单击"复制"按钮，修改类型名称为"600mm×1000mm"，并按照题目要求设置幕墙的参数，如图 2-2-27 所示。单击"确定"退出当前对话框。鼠标移动至需要生成幕墙的体量面，单击以拾取目标，然后单击"多重选择"面板的"创建系统"命令，幕墙即创建完成，如图 2-2-28 所示。

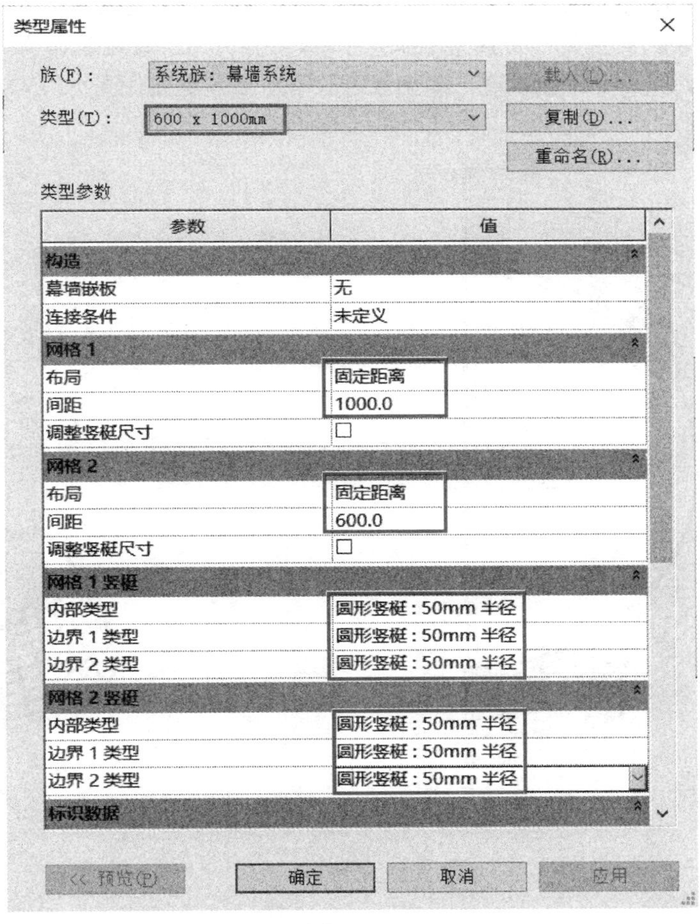

图 2-2-27

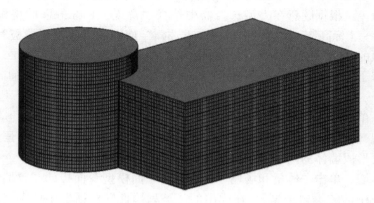

图 2-2-28

第六步，保存文件。将模型以文件名"体量楼层＋考生姓名"保存至考生文件夹。

【练习】（2020 第二期第二题）按照要求创建下图体量模型，参数详见图 2-2-29，半圆圆心对齐。并将上述体量模型创建幕墙，幕墙系统为网格布局 1000mm×600mm（横向竖梃间距为 600mm，竖向竖梃间距为 1000mm）；幕墙的竖向网格中心对齐，横向网格起点对齐；网格上均设置竖梃，为圆形竖梃，半径为 50mm。创建屋面女儿墙以及各层楼板。请将模型以文件名"体量幕墙＋考生姓名"保存至本题文件夹中。

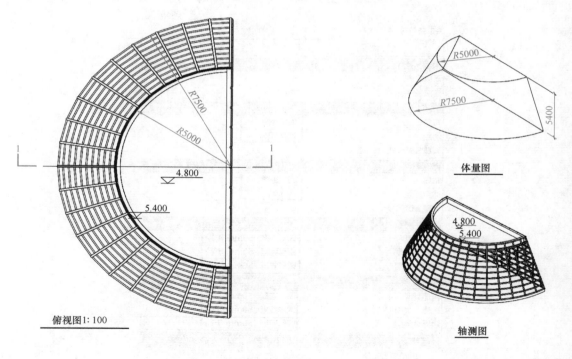

图 2-2-29（一）

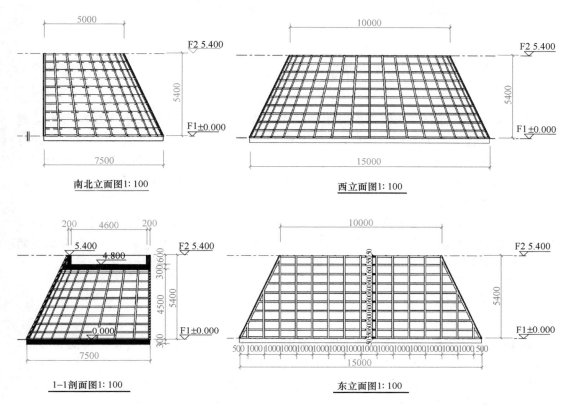

南北立面图1:100

西立面图1:100

1-1剖面图1:100

东立面图1:100

图 2-2-29（二）

3 局 部 建 模

本部分内容，即局部建模，是指在"1＋X"BIM（初级）实操考题中单独考查一类或几类构件建模方法的题目，一般出现在实操试题的第一题或第二题，每题20分。针对《"1＋X"建筑信息模型（BIM）职业技能等级证书考评大纲》（以下简称《考评大纲》）的要求，以及对往期考题的分析，本教材把该部分内容划分为如下七个小节：墙体、幕墙、楼板、屋顶、楼梯与栏杆扶手、坡道、局部建模综合。

需要指出的是，很多局部建模题中考查的构件（例如墙、柱、楼板、楼梯、屋顶、坡道等）在综合建模题也会涉及，但两种题型对同类构件的考查各有侧重，本教材会根据侧重点的不同分别在第3部分和第4部分进行讲述。

3.1 墙体

在Revit软件中，墙体分为建筑墙、结构墙、面墙。结构墙主要考察结构受力分析，初级考试通常不涉及，因此本教材对该部分内容不作重点讲解。面墙即体量墙体，是指拾取体量面生成的墙体，属于体量的内容，请参见本教材第2部分。建筑墙中的幕墙将在本教材3.2节幕墙与玻璃斜窗中讲述，本节主要讲解基本墙（复合墙）和叠层墙。

3.1.1 考点分析

本节的考点主要集中在以下几个方面：

（1）复合墙的创建。这里复合墙是指包含多个构造层次的墙体。主要考查墙体内外侧不同构造层次的设置，以及对某一构造层次垂直方向的拆分等。

（2）墙体的绘制。主要考查如何依据题目所给条件（例如：高度、长度或半径、定位线等）把设置好的墙体绘制出来，绘制时需要区分墙体的内外侧。

（3）墙体轮廓的编辑。主要考查墙体开洞、墙体外轮廓的编辑等。

（4）叠层墙的创建及绘制。

3.1.2 实操讲解

1. 复合墙的创建

（1）打开Revit，选择"建筑样板"进入Revit主界面，在"建筑"选项卡下单击"墙"的下拉按钮，单击"墙：建筑"，在墙的实例属性窗口中选择一种常规墙类型，例如"常规－200mm"，如图3-1-1所示。

提示："墙：结构"主要用于结构分析，而"面墙"用于在体量模型中拾取体量面生成墙体，所以这里选择"墙：建筑"。

（2）单击实例属性窗口中的"编辑类型"，如图3-1-2所示，打开该墙体的类型属性对话框，首先单击"类型"后面的"复制"命令为即将创建的复合墙命名，考试时按照题目要求命名，这里以"复合墙-练习"举例，如图3-1-3所示。随后单击参数"结构"后面的"编辑"按钮，进入"编辑部件"对话框，为了方便实时查看修改后的变化，可先单击此对话框左下角的"预览"按钮，调出预览视图，预览视图样式选择为"剖面"，如图3-1-4所示。

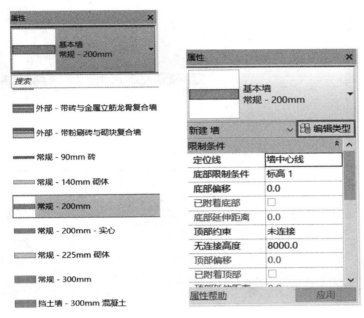

图 3-1-1   图 3-1-2

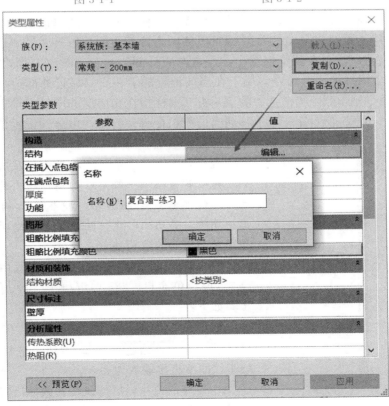

图 3-1-3

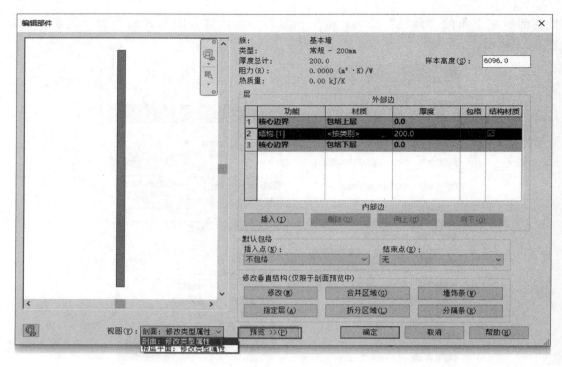

图 3-1-4

（3）由于是在"常规—200mm"的墙体类型上做的修改，所以该墙体在默认情况下只有一个结构层，厚度 200mm。注意观察墙体的内外部边的位置—序号"1"为外部边，序号"3"为内部边，而在预览视图中，左边对应外部边，右边对应内部边，如图 3-1-5 所示。表格下方的"插入"命令，用于在当前位置的上一行（靠近外部边一侧）增加一层；"删除"命令用于删除当前选中的某一行（鼠标指在相应层的序号上单击即可选中该行）；"向上""向下"命令用于上下移动当前行；在每一行中，可分别设置该构造层的材质及厚度等参数。

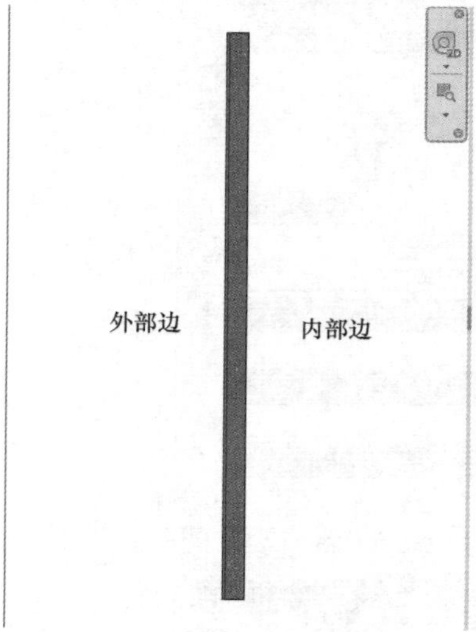

提示："核心边界"不属于构造层次，但它用于划定核心构造层（一般是结构层）在内外侧的边界位置，不能随意删除和移动，即在进行构造层次的添加、删除、移动的时候，注意始终保持两个"核心边界"紧邻墙体的结构层。

（4）假设某外墙 300 厚，构造层次由外而内分别是：5 厚白色涂料、285 厚混凝土、10 厚瓷砖，创建步骤如下：

1）285 厚混凝土结构层的设置：单击结构层的"材质"一列 <按类别> 按钮，把材质设置为混凝土，厚度直接输入为 285。

2）5 厚白色涂料层的设置：鼠标指向上面的核心边界层并选中，单击"插入"按钮，此时在其上添加

外部边　　　　内部边

图 3-1-5

一层，把该层的功能、材质、厚度依次设置为"面层""涂料-白色""5"。

3）10 厚瓷砖层的设置：鼠标指向下面的核心边界层并选中，单击"插入"按钮，此时在其上添加一层，点击"向下"按钮把该层移动到下一行，随后将该层的功能、材质、厚度依次设置为"面层""瓷砖""10"。

完成后的墙体构造层次设置如图 3-1-6 所示。

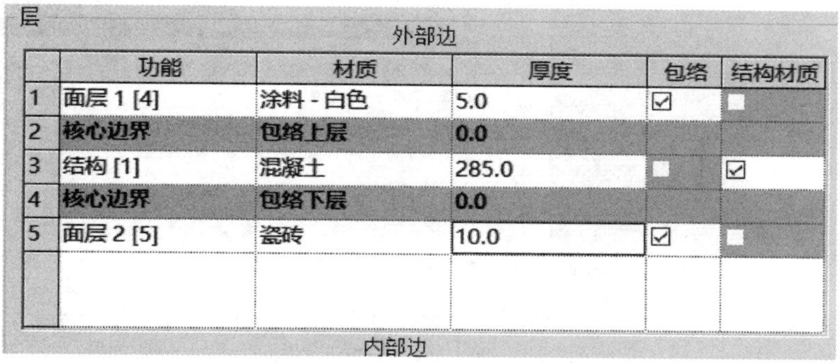

层					
		外部边			
	功能	材质	厚度	包络	结构材质
1	面层 1 [4]	涂料 - 白色	5.0	☑	☐
2	核心边界	包络上层	0.0		
3	结构 [1]	混凝土	285.0	☐	☑
4	核心边界	包络下层	0.0		
5	面层 2 [5]	瓷砖	10.0	☑	☐
		内部边			

图 3-1-6

提示：

① 在设置材质时，若材质浏览器中搜索不到相应材质，可以新建或复制原有材质，然后修改名称及其显示效果；

②"包络"指的是墙非核心构造层在断开点处的处理办法，即仅对勾选了"包络"的构造层进行包络，且只在墙开放的断点处进行包络，若题目墙体不涉及断点，这里可不进行设置。

（5）有些题目可能会涉及同一构造层在垂直方向的拆分。假设还是步骤（4）中的墙体，但是涂料层改成：从墙底向上 1m 范围内为黄色涂料，其余部分为白色涂料，涂料层拆分的步骤如下：

1）在白色涂料层之上插入一层，把该层的功能、材质依次设置为"面层""涂料-黄色"，但不填写"厚度"值。

2）单击下方"修改垂直结构"板块的"拆分区域"按钮，把鼠标移向左边的墙体剖面预览图，鼠标移动到墙体构造层上时会出现一道横线和临时尺寸标注，确保鼠标指在白色涂料层上时，根据临时尺寸标注的提示找到距离墙底 1000mm 的位置单击，该涂料层就被垂直分割成了两部分。

3）在表格中选中黄色涂料层，单击下方的"指定层"按钮，接着移动鼠标到预览图中的涂料层，在步骤②创建的分割线之下的区域单击，即完成了该涂料层的拆分及材质的重新赋予，如图 3-1-7 所示。

提示：以上操作中把黄色涂料层指定给分割线之下的区域时，尽可能把预览视图放大，确保鼠标指在预定区域时再单击，这样能提高指定成功率；若拆分线绘制错误，还可以单击"合并区域"重新合并。

（6）墙饰条、分隔条也是在"编辑部件"窗口下的"修改垂直结构"板块添加。

2. 墙体的绘制

墙体创建完之后厚度就确定了，接下来是把指定墙体绘制在软件中。在这之前，首先

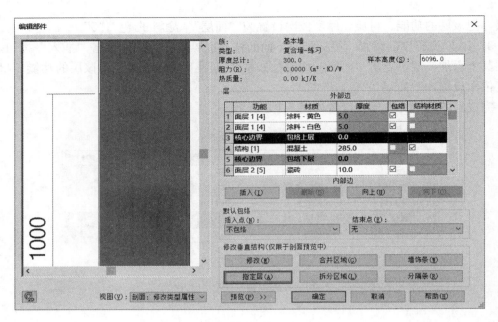

图 3-1-7

要确定题目所给的墙高及墙长（直行墙）或半径（弧形墙）。

（1）墙高的设置

1）若题目是以标高定位墙高的，可事先在软件中设置好相应标高，绘制墙体时，调整实例属性中的"底部限制条件"和"顶部约束"这两个参数即可，例如图 3-1-8 所示设置的是从标高 1 到标高 2 高度为 3600mm 墙。当然，有必要的情况下可进一步设置"底部偏移""顶部偏移"两个参数。

2）若题目直接给定墙体高度，而没有用标高定位，可在"顶部约束"设置为"未连接"的前提下，直接输入"无连接高度"值，如图 3-1-9 所示设置的是从标高 1 开始高度为 3600mm 的墙。

图 3-1-8

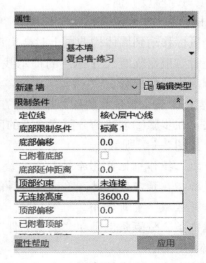

图 3-1-9

（2）墙长（直行墙）或半径（弧形墙）的确定

1）对于直行墙，题目一般会直接标注墙长，绘制时，使用默认的"线"工具✏，可通过在图形中指定起点和终点来放置墙体，或者，可以指定起点，沿所需方向移动光标，然后输入墙长度值。绘制过程中，可通过按空格键相对于墙的定位线翻转墙的内部/外部方向。绘制完成之后，也可以选中墙体根据临时尺寸标注修改墙长，或通过单击墙侧的翻转箭头↕进行内外侧翻转。从左向右绘制时，上侧为墙外部，从上往下绘制时，右侧为外部。

2）对于弧形墙（圆形墙），题目一般会给出以墙体某一位置（例如核心层中心线）为基准的半径，绘制之前，应首先调整绘图界面上方选项栏中的"定位线"参数，如图3-1-10所示，然后根据需要画弧或圆。顺时针画弧，墙的外部朝向圆外，反之则朝向圆内，直接画圆形墙时，墙的外部朝向圆内。

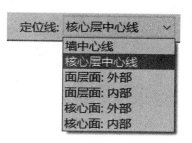

图 3-1-10

提示：关于墙体内外部的问题，软件是这样处理的：顺时针方向绘制时，墙外部朝向时针环绕方向的外侧，反之，逆时针方向绘制时，墙外部朝向时针环绕方向的内侧（图3-1-11）；圆形墙比较特殊，软件是按逆时针方向绘制处理的，即墙的外部朝向圆内。

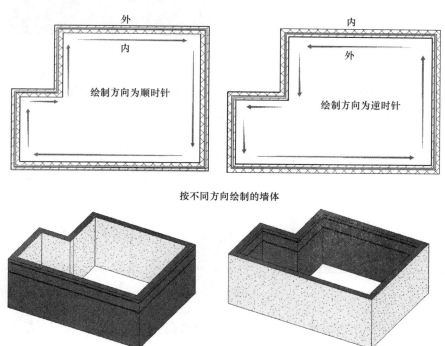

图 3-1-11

3. 墙体轮廓的编辑

选中将要编辑的墙体，自动激活"修改/墙"选项卡，单击"模式"面板中的"编辑轮廓"，如图 3-1-12 所示。若以上操作是在平面视图中进行，此时将弹出"转到视图"对话框，根据需要选择合适的立面或三维视图即可进入编辑轮廓草图模式。

在轮廓草图模式下，根据题目要求编辑轮廓。例如：开洞、修改边界，如图 3-1-13 左图所示。编辑完成后，单击✔（完成编辑模式）按钮，即可完成墙体轮廓的编辑。

图 3-1-12

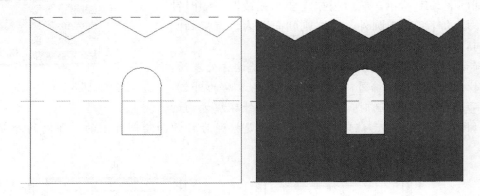

图 3-1-13

提示：编辑轮廓草图时，一定要保证内外轮廓线分别闭合，且所有线条之间不能交叉。例如，图 3-1-14 所画的三种草图均不符合要求。

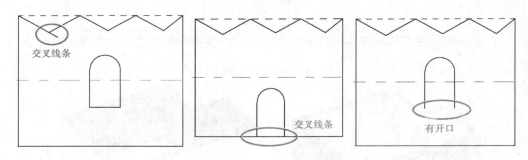

图 3-1-14

若需一次性还原已经编辑过轮廓的墙体，可直接在选中墙体的状态下单击"重设轮廓"按钮。

4. 叠层墙

叠层墙是区别于"基本墙"的一种特殊墙体，它是由不同材质或类型的墙体在不同高度叠加而成的，如图 3-1-15 所示。

叠层墙的创建方法如下：

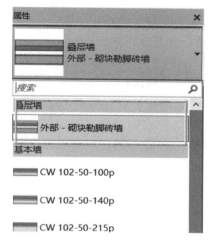

图 3-1-15　　　　　　　　　　　　　　　　图 3-1-16

（1）进入绘制墙的界面，在"属性"栏中选择一种叠层墙类型，如图 3-1-16 所示。单击"编辑类型"进入类型属性对话框，单击参数"结构"后面的"编辑"按钮，进入"编辑部件"对话框，如图 3-1-17 所示。

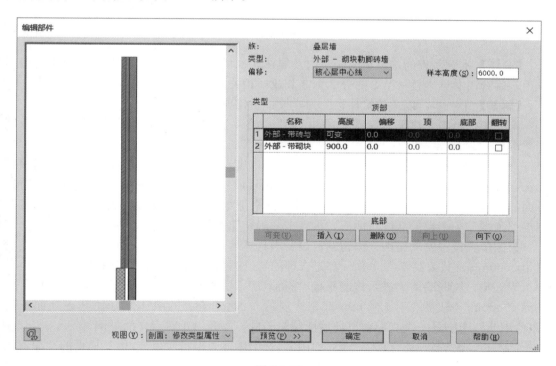

图 3-1-17

（2）以上示例中的叠层墙由两种类型的墙体在不同高度上叠加而成，可根据题目要求选择墙类型，若下拉菜单中没有需要的墙体，则需要在"基本墙"中新建相应墙体后，再添加到叠层墙中。如果有三种或三种以上的墙体叠加，可以点"插入"按钮进行添加。

"高度"一列用于控制每部分墙体的高度，最上面部分的墙体高度只能为"可变"，即随着整个层叠墙的高度变化而变化。

3.1.3 经典考题剖析

【例题 3-1-1】（2019 年第一期第一题）绘制图 3-1-18 所示墙体，墙体类型、墙体高度、墙体厚度及墙体长度自定义，材质为灰色普通砖，并参照下图标注尺寸在墙体上开一个拱门洞。以内建常规模型的方式沿洞口生成装饰门框，门框轮廓材质为樱桃木，样式见1—1 剖面图。创建完成后以"拱门墙＋考生姓名"为文件名保存至考生文件夹中（20分）。要求：（1）绘制墙体，完成洞口创建；（2）正确使用内建模型工具绘制装饰门框。

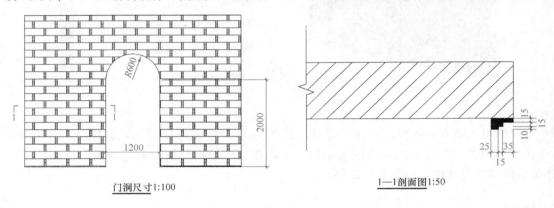

门洞尺寸1:100　　　　　　　　　　　1—1剖面图1:50

图 3-1-18

【分析】本题考查的是墙体的画法以及墙体轮廓的编辑，另外同时考查了内建模型的应用，后者请参见本教材第 2 部分 2.1.3 节放样相关内容，本题只讲解墙体相关考点。

【解答】第一步，以"建筑样板"为样板，新建项目。

第二步，单击"建筑"选项卡下的"墙"命令，在属性栏中选择任意一种基本墙，例如"常规－200mm"。

第三步，设置类型属性。单击"编辑类型"，进入"类型属性"对话框，单击"复制"按钮，输入墙体名称，例如"拱门墙"（这里题目没做要求，可随意），单击参数"结构"后面的"编辑"按钮，在"编辑部件"对话框中把结构层的材质设置为"灰色普通砖"，点击"确定"关闭编辑部件对话框，再点击"确定"关闭类型属性对话框。

第四步，设置实例属性。因为题目没要求具体墙高，根据所给立面图可按大致高度设置为 3600mm（只要高于 2600mm 都是合理的），按照如图 3-1-19 所示设置实例参数。

第五步，绘制墙体。进入楼层平面"标高 1"，用直线命令画一段直行墙，墙长自定义为 4000mm（只要大于 1200mm 都是合理的）。此处绘制的墙体最好使其正立面正对"东西南北"中的某一个立面，以便后面编辑轮廓，本题以正对南立面举例。

第六步，编辑轮廓。进入"南立面图"，选中墙体，单击"修改/墙"插页的"编辑轮廓"命令，先用直线命令从墙底垂直向上画两根长度 2000mm 的直线，两者之间距离1200mm，接着用"起点-终点-半径弧"命令，在前面所绘直线的上方添加一个半径为600mm 的半圆弧，如图 3-1-20 所示，然后用"拆分图元" ⬚ 命令在拱形门洞下方打断墙线，如图 3-1-21 所示；再用"修剪" 🗡 命令修剪相应线条，完成后的轮廓线如图 3-1-22所示；最后，单击"完成编辑" ✔ 命令，墙体编辑完毕。最终效果图如图 3-1-23 所示。

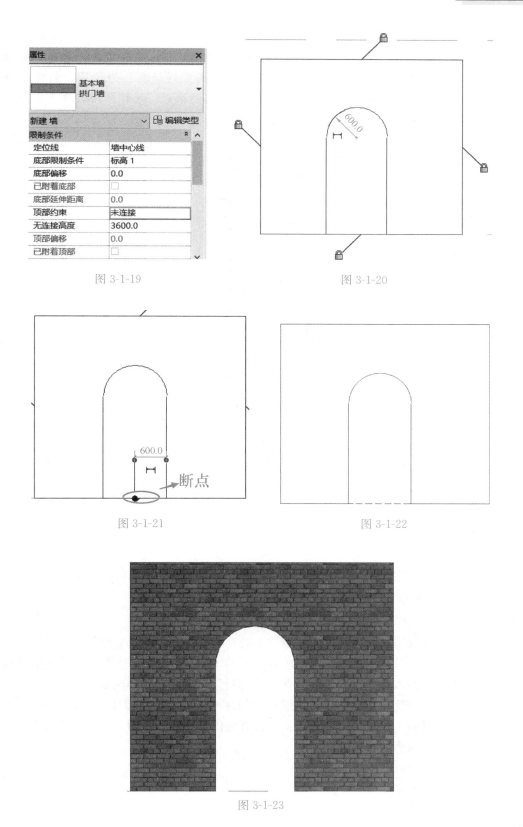

图 3-1-19

图 3-1-20

图 3-1-21

图 3-1-22

图 3-1-23

第七步，保存文件。以"拱门墙＋考生姓名"为文件名保存项目至考生文件夹中。

【练习】（图学会第三期第二题）按照图 3-1-24 所示，新建项目文件，创建如下墙类型，并将其命名为"等级考试—外墙"。之后，以标高 1 到标高 2 为墙高，创建半径为 5000mm（以墙核心层内侧为基准）的圆形墙体。最终结果以"墙体"为文件名保存在考生文件夹中。（20 分）

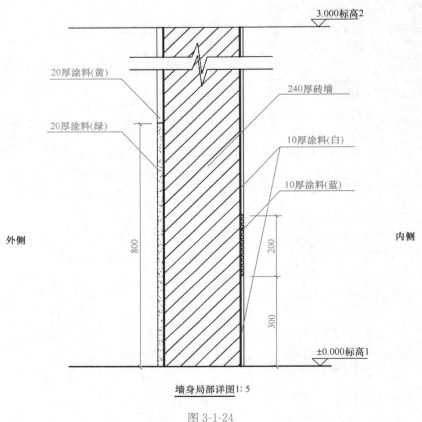

墙身局部详图1: 5

图 3-1-24

3.2　幕墙与玻璃斜窗

幕墙是一种比较特殊的墙体，所以墙体中的建模、属性、编辑等操作方法幕墙同样适用，本节不再重复，只介绍幕墙特有的内容。另外，"幕墙系统"是指在体量面或常规模型上所做的操作，在本教材"第 2 部分 2.2 节体量"中有相关内容讲解，此处不再赘述。

玻璃斜窗是一种比较特殊的屋顶，屋顶中的建模、属性、编辑等操作方法将在"3.4节屋顶"中详细讲解，本节只介绍玻璃斜窗特有的内容。另一方面，它与幕墙有很多相似之处，所以本节把两者放在一起阐述。

3.2.1　考点分析

本节的考点主要集中在以下几个方面：

（1）幕墙网格。包括网格划分、网格的添加/删除等。

（2）竖梃。包括竖梃的创建、删除、竖梃类型的设置、竖梃之间的连接方式等。

（3）幕墙嵌板的编辑。主要考查玻璃嵌板与门窗嵌板等的置换、嵌板类型属性的编辑等。

（4）幕墙在普通墙上的嵌入。

（5）玻璃斜窗的创建方法。

3.2.2　实操讲解

幕墙的绘制方法与常规墙一样，只不过墙体类型应该选择为幕墙，如图 3-2-1 所示。图 3-2-2 所示为幕墙下的三种类型。

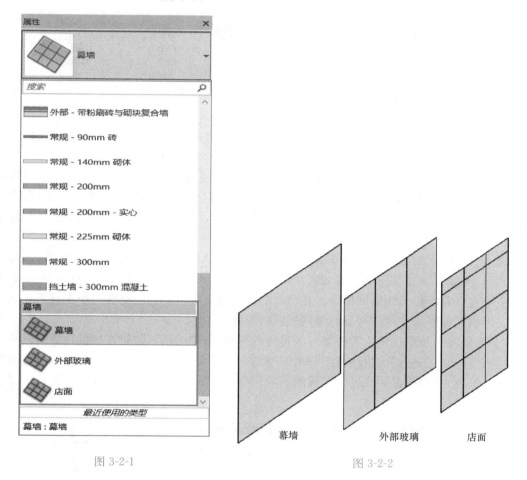

图 3-2-1　　　　　　　　　　　　　　　　图 3-2-2

1. 幕墙网格

幕墙网格划分有两种方式：

（1）通过类型属性中相应参数的设置来完成。选中所画幕墙，点"编辑类型"按钮进入"类型属性"对话框，如果不想改变项目样板中原有幕墙的参数，可以点复制，重新创建一个幕墙类型，然后通过设置"垂直网格""水平网格"对网格进行布置，如图 3-2-3 所示。软件提供了 4 种创建网格的方式：固定距离、固定数量、最大间距、最小间距。下面主要介绍"固定距离""固定数量"两种方式的使用方法：

　　① 固定距离。"布局方式"选择为"固定距离"后，在下方"间距"中输入间距即可。

　　② 固定数量。"布局方式"选择为"固定数量"后，点"确定"关闭类型属性对话框，然后通过实例属性中相应网格的"编号"参数来控制数量，如图 3-2-4 所示。

垂直网格	
布局	无
间距	
调整竖梃尺寸	☐
水平网格	
布局	无
间距	
调整竖梃尺寸	☐

图 3-2-3

垂直网格	
编号	4
对正	起点
角度	0.000°
偏移量	0.0
水平网格	
编号	4
对正	起点
角度	0.000°
偏移量	0.0

图 3-2-4

　　上述通过类型属性中相应参数控制网格划分的方法适用于幕墙网格间距相等或网格数量确定的题目。

　　（2）通过单独绘制幕墙网格来完成。在已经绘制了幕墙的前提下，可通过"建筑"选项卡下的"幕墙网格"命令对网格进行布置，如图 3-2-5 所示。放置网格线的方法有三种，即"全部分段""一段""除拾取外的全部"，如图 3-2-6 所示。具体操作方法如下：

　　进入合适的立面图，单击"幕墙网格"按钮，默认的放置方式是"全部分段"，移动鼠标到已创建的幕墙的边界线上，就会出现一条虚线，此时单击鼠标，则会在相应位置创建一条垂直于幕墙边界线的网格线。在已有的网格线上单击，也会创建一条垂直于它的网格线。可根据临时尺寸标注精确控制网格线的位置。

　　"全部分段"是指在单击时添加一条贯通的网格线；"一段"是指添加鼠标所指区域的一段网格线，是用来拆分嵌板的；"除拾取外的全部"是指在单击时会先添加一条贯通的网格线（红色），再单击某段进行该段的删除，然后按键盘上的 Esc 键退出，则其余部分全部添加网格线。

图 3-2-5

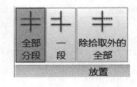

图 3-2-6

　　提示：幕墙网格线会按照鼠标所指位置的幕墙边界线或已有网格线的垂直方向创建，根据这条规则，如果想创建竖向网格线，就应该在横向边界线或网格线上单击，而如果想创建横向网格线，就应该在竖向边界线或网格线上单击。

　　幕墙网格的添加/删除，只需要选中需要编辑的网格线，即可调出"修改/幕墙网格"选项卡，单击"添加/删除线段"按钮，如图 3-2-7 所示，就可以对指定网格线的某一段进行添加或删除了——若鼠标所指的区域没有网格线则会添加，若有，则会删除。

若想直接把整段网格线删除，选中之后直接按Delete 键或右键删除即可。

提示：网格线被删除时，其上的竖梃也会一并被删除。

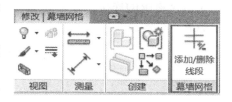

图 3-2-7

2. 竖梃

竖梃是依附于网格线存在的，在布置竖梃之前，一定要首先确保相应位置创建了网格线。竖梃的布置方法跟网格线大体一致，也分为两种方式：

（1）通过类型属性中相应参数的设置来完成。如图 3-2-8 所示，垂直竖梃和水平竖梃可分别设置，同时同一方向的竖梃边界位置与内部位置也可以分别设置。

垂直竖梃	
内部类型	无
边界 1 类型	无
边界 2 类型	无
水平竖梃	
内部类型	无
边界 1 类型	无
边界 2 类型	无

图 3-2-8

（2）通过单独布置竖梃来完成。单击"建筑"选项卡下的"竖梃"命令，如图 3-2-9 所示；可以看到创建竖梃的方式有三种，如图 3-2-10 所示。首先通过属性栏把竖梃调整为需要的样式，之后将鼠标移动到相应网格线上，则会自动在网格线上添加竖梃。

图 3-2-9

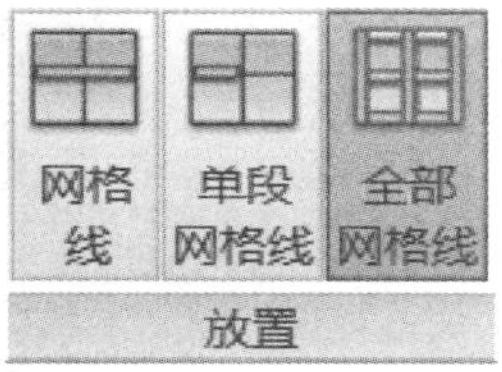

图 3-2-10

放置竖梃中的方式"网格线"是指给整条网格线添加竖梃；"单段网格线"是指给鼠标所指区域的一段网格线添加竖梃；"全部网格线"是指给所有网格线上添加竖梃。

竖梃的删除，只需要选中所需删除的竖梃，按 Delete 键或右键删除即可。竖梃只可以单段删除。

图 3-2-11

更改竖梃之间的连接方式，选中竖梃，在调出的"修改/幕墙竖梃"的选项卡上单击"结合"或"打断"，如图 3-2-11 所示；即可更改相互垂直的两根竖梃之间的连接方式，如图 3-2-12 所示。或者，在选中竖梃之后，单击竖梃上的连接符号，如图 3-2-13 所示，也可以更改相互垂直的两根竖梃之间的连接方式。

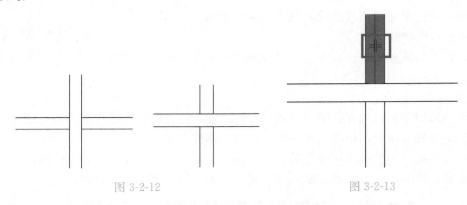

图 3-2-12   图 3-2-13

3. 幕墙嵌板的编辑

（1）幕墙嵌板的置换。幕墙默认的嵌板类型是玻璃，允许被替换为门窗嵌板或其他嵌板。根据不同情况，替换的方法有两种：

1）如果题目中要求所有幕墙嵌板均为同一类型，且非默认嵌板，可选中幕墙，在类型属性中，直接通过"幕墙嵌板"参数选择需要的嵌板类型，如图 3-2-14 所示。若下拉菜单中没有需要的嵌板类型，可事先载入相应的幕墙嵌板族文件。

2）如果只是个别嵌板需要被置换，则只需选中即将被置换的嵌板，在属性栏的下拉

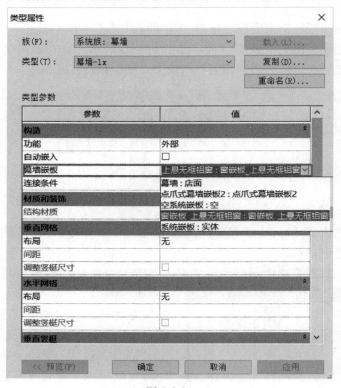

图 3-2-14

菜单中挑选需要的嵌板类型即可，同样，若下拉菜单中没有需要的嵌板类型，可事先载入相应的幕墙嵌板族文件。

提示：幕墙中有很多子构件，比如网格、竖梃、嵌板，要学会灵活运用 Tab 键帮助我们在不同的构件之间切换选择。

（2）幕墙嵌板的编辑

这里主要考查幕墙嵌板类型属性的编辑，只需选中需要编辑的嵌板，点开类型属性对话框，按照题目要求填写相应参数即可，图 3-2-15 所示为"系统嵌板-玻璃"的类型属性对话框；图 3-2-16 所示为"窗嵌板-上悬无框铝窗"的类型属性对话框。题目中一般考查玻璃厚度、材质等参数的设置。

图 3-2-15

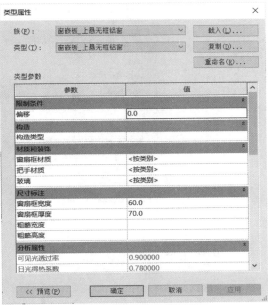

图 3-2-16

4. 幕墙在普通墙上的嵌入

若题目考查的幕墙是嵌入普通墙中的，只需要把幕墙的类型属性中"自动嵌入"参数打勾，如图 3-2-17 所示，在普通墙上绘制幕墙时，后者会自动剪切前者。

5. 玻璃斜窗的创建

玻璃斜窗属于一种特殊屋顶，在建筑工程中可称之为"玻璃顶棚"，所以绘制玻璃斜窗的方式与普通屋顶一致。关于屋顶的画法在本教材 3.4 节"屋顶"中还有详细讲解，在此只以迹线屋顶举例。

以建筑样板为样板新建项目文件，单击"建筑"选项卡下的"屋顶"的下拉菜单，选择"迹线屋顶"，自动调出"修改/创建屋顶迹线"选项卡，在属性栏切换屋顶类型为"玻璃斜窗"，如图 3-2-18 所示。用⬜画边界线的方式，创建屋顶边界，按 Esc 键退出划线命令，然后框选四条边界线，把实例属性中的参数"定义屋顶坡度"取消勾选，如图 3-2-19所示。点击✔完成边界，即得到一块玻璃顶棚。三维效果如图 3-2-20 所示。

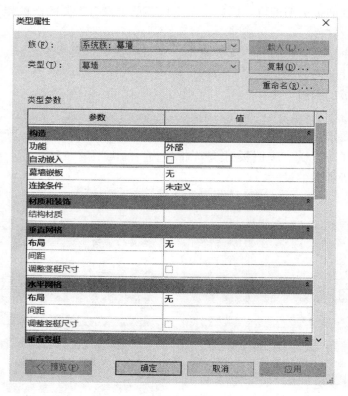

图 3-2-17

图 3-2-18

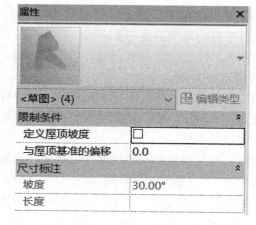

图 3-2-19

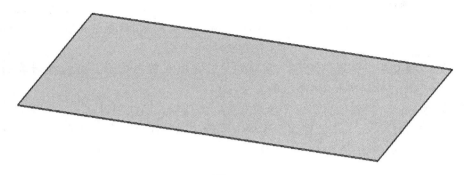

图 3-2-20

转到平面视图，即可对玻璃斜窗进行网格划分、添加竖梃、编辑嵌板等操作，具体方法与幕墙一致，在此就不再赘述。

3.2.3 经典考题剖析

【例题 3-2-1】（试考题第二题）按要求建立幕墙模型，尺寸、外观与图 3-2-21 一致，幕墙竖梃采用 50×50 矩形，材质为不锈钢，幕墙嵌板材质为玻璃，厚度 20mm，按照要

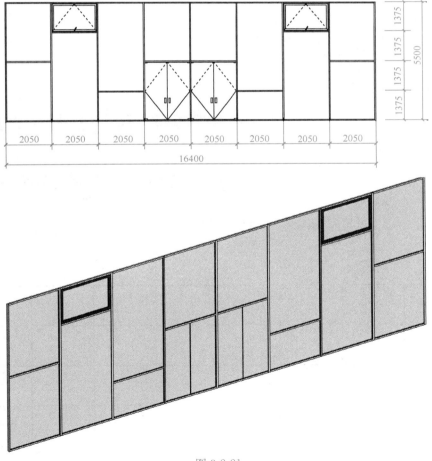

图 3-2-21

求添加幕墙门与幕墙窗，造型类似即可。将建好的模型以"幕墙＋考生姓名"为文件名保存至考生文件夹中。并将幕墙正视图按图中样式标注后导出 CAD 图纸，以"幕墙立面图＋考生姓名.dwg"文件为名，保存至考生文件夹中（20 分）。

【分析】本题考查了幕墙的绘制、网格划分、竖梃布置及编辑、嵌板编辑等知识点，同时考查了 Revit 软件导出 CAD 图纸的方法。

【解答】第一步，新建项目。以"建筑样板"为样板，新建项目。

第二步，绘制幕墙。单击"建筑"选项卡下的"墙"命令，在属性栏下拉菜单中选择"幕墙"，设置幕墙高度为 5500mm，如图 3-2-22 所示。在标高 1 平面中用直线命令绘制一条长度为 16400mm 的直行墙。

第三步，设置幕墙网格。通过分析题目中幕墙网格的特点可以发现，垂直网格和水平网格均平均分布在各自的方向，即相邻两条网格线之间的距离均相等，因此可以通过直接修改幕墙的类型属性来实现网格布置。选中幕墙，点开其类型属性对话框，把"垂直网格""水平网格"分别按照图 3-2-23 进行设置（也可以按照"固定数量"设置，前文有讲解，在此不再赘述），注意"调整竖梃尺寸"取消勾选。完成后的幕墙正立面图如图 3-2-24 所示。

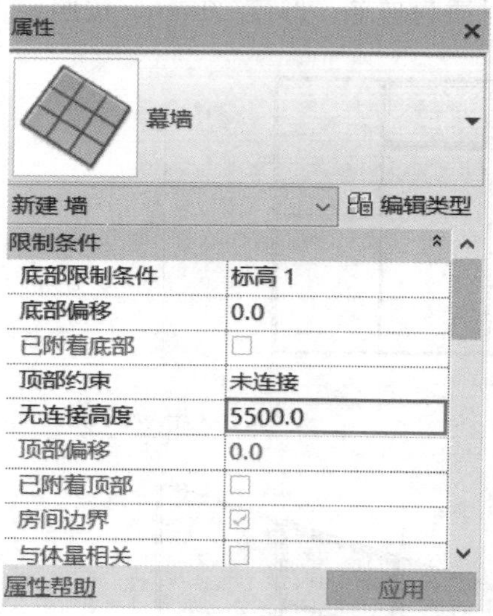

属性	✕
幕墙	▾
新建 墙	⌄ 🔲 编辑类型
限制条件	⌃
底部限制条件	标高 1
底部偏移	0.0
已附着底部	☐
顶部约束	未连接
无连接高度	5500.0
顶部偏移	0.0
已附着顶部	☐
房间边界	☑
与体量相关	☐
属性帮助	应用

图 3-2-22

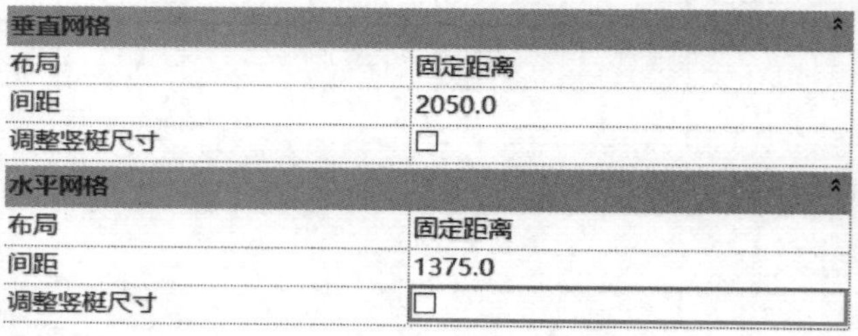

垂直网格	⌃
布局	固定距离
间距	2050.0
调整竖梃尺寸	☐
水平网格	⌃
布局	固定距离
间距	1375.0
调整竖梃尺寸	☐

图 3-2-23

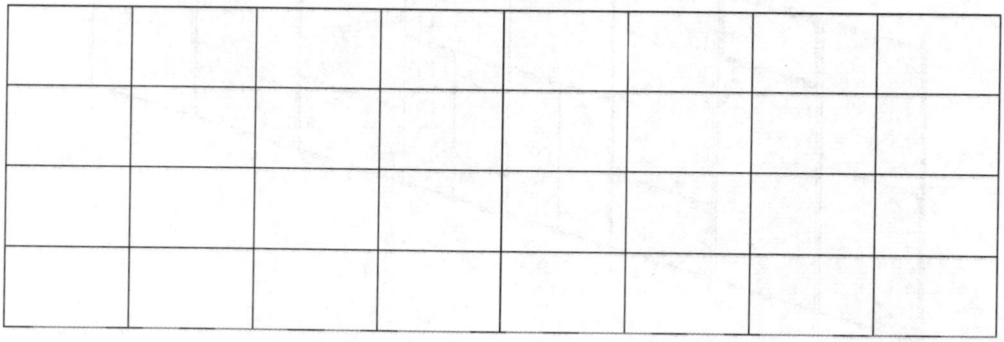

图 3-2-24

接下来还要对水平网格进行修改，依次选中需要编辑的网格线，用"添加/删除线段"命令把不需要的线段删除，最后形成的幕墙正立面图如图 3-2-25 所示。

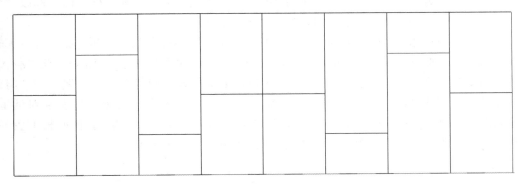

图 3-2-25

第四步，布置和编辑幕墙竖梃。单击"建筑"选项卡下的"竖梃"命令，自动调出"修改/放置竖梃"选项卡，默认放置的竖梃类型不是题目要求的 50×50 矩形，所以还需要编辑竖梃类型。选择"矩形竖梃 50×150mm"的类型，以此为样板创建"矩形竖梃 50×50mm"，并修改"厚度"为 50mm，修改"材质"为不锈钢，如图 3-2-26 所示。

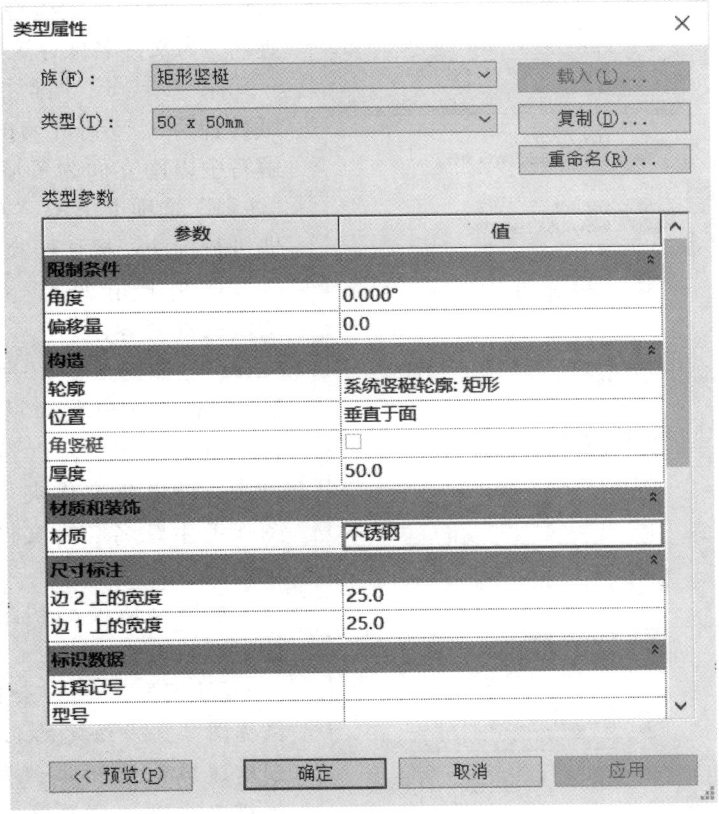

图 3-2-26

接下来，选择"全部网格线"的放置方式，鼠标移动至幕墙，在所有网格线上出现蓝色虚线（图中为浅色线）时单击，即在所有网格线上创建了竖梃。

第五步，编辑幕墙嵌板。首先，选中任一块嵌板，点开类型属性对话框，修改"厚度"为"20"（"材质"本身就是"玻璃"，可不作修改）。

另外，本题有几个特殊的幕墙嵌板——两个窗嵌板、两个门嵌板。鼠标指向需要编辑的嵌板的边界，按 Tab 键切换选择，直到选中嵌板，点开类型属性对话框，点"载入"按钮，如图 3-2-27 所示。找到"china"族库包，依次打开"建筑"—"幕墙"—"门窗嵌板"，选择"窗嵌板_50-70系列上悬铝窗"打开，点"确定"关闭类型属性对话框，即完成窗嵌板对玻璃嵌板的置换。采用同样的方法即可完成其余几扇门/窗嵌板的置换，根据题目立面图所示，门嵌板可选择"门嵌板_双扇地弹无框玻璃门"。

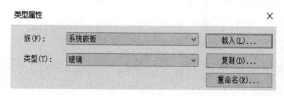

图 3-2-27

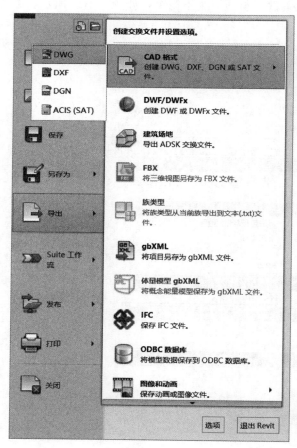

图 3-2-28

第六步，保存幕墙模型。按照题目要求，将建好的模型以"幕墙＋考生姓名"为文件名保存至考生文件夹中。

第七步，尺寸标注、导出 CAD 图纸并保存。转到幕墙的正立面（本例解答中以南立面为幕墙正立面），选择"注释"选项卡下的"对齐"命令对幕墙进行标注，标注样式参照题目。

点左上角 Revit 开始下拉菜单，依次选择"导出"—"CAD 格式"—"dwg"，如图 3-2-28 所示。在弹出来的"DWG 导出"对话框中按默认设置，点击"下一步"按钮，选择保存目录，即考生文件夹，以"幕墙立面图＋考生姓名"为文件命名，单击确定即可。

最终完成模型图跟题目一致，此处不再贴图。

【练习】（图学会第一期第三题）根据图 3-2-29 给定的北立面和东立面，创建玻璃幕墙及其水平竖梃模型。请将模型文件以"幕墙.rvt"为文件名保存到考生文件夹中。

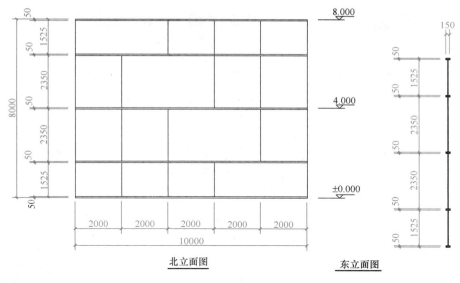

图 3-2-29

3.3　楼板

楼板属于水平方向的建筑（结构）构件，而前文所讲的墙体属于垂直方向的构件，两者在绘制方面各不相同，但在编辑方面又有些相似之处（例如构造层次的创建、轮廓的编辑等），所以考生在学习时可以对两者进行对比分析，方便记忆。

在 Revit 软件中，楼板分为建筑楼板、结构楼板、面楼板和楼板边。结构楼板主要用于结构受力分析，相关内容初级考试不涉及。面楼板是指在体量楼层面上生成楼板，属于体量内容，参见本教材第 2 部分。楼板边主要用于构造楼板水平边缘的形状，也可用于生成台阶等构件。本节主要讲解建筑楼板。

3.3.1　考点分析

本节的考点主要集中在以下几个方面：

（1）楼板的绘制。包括楼板边界的创建，坡度箭头的使用等；

（2）楼板的编辑。包括楼板开洞、编辑形状、编辑类型属性等。

（3）用"楼板"创建有两个以上构造层次的散水或坡道等。有些题目虽是要求绘制坡道或散水，但限于 Revit 软件中的"坡道"命令不能设置多个构造层，也没有单独的"散水"命令，所以很多情况下考查的仍是楼板。

3.3.2　实操讲解

1. 楼板的绘制

新建项目，点开"建筑"选项卡下的楼板命令的下拉菜单，选择建筑楼板，自动弹出"修改/创建楼层边界"选项卡，如图 3-3-1 所示。

首先在属性栏中选择合适的楼板类型，把标高等限制条件设置好，然后创建楼板边界。

图 3-3-1

创建楼板边界的方式有两种：①直接绘制轮廓线；②拾取墙体。拾取墙体生成楼板边界的方式在综合建模中经常用到，可参照后文"第 4 部分"楼板的相关内容。本节主要介绍直接绘制轮廓线生成楼板边界的方式。

根据题目要求选择合适的形状绘制轮廓线，例如图 3-3-2 所示楼板分别可以用"矩形"、"圆形"、"直线"绘制。

图 3-3-2

在选项栏中，"偏移量"可用于生成距离参照线一定偏移量的楼板边界线。

用"直线"绘制时，选项栏中可通过设置"半径"来做倒角，如图 3-3-3 所示。半径值即倒角圆弧的半径，如图 3-3-4 所示的两个楼板均设置了倒角。

图 3-3-3

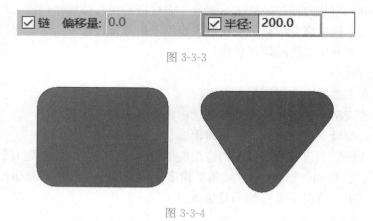

图 3-3-4

提示：无论何种方式绘制的边界线，始终要满足"闭合"且"没有相交的线"这两个条件，否则不能生成楼板。

若楼板不是水平而是倾斜的，可利用坡度箭头设置坡度。具体操作方法：在楼板边界草图模式下，根据楼板倾斜方向绘制"坡度箭头"，如图 3-3-5 所示。属性栏中提供了两种定义坡度的方式，即"指定尾高"和"指定坡度"，如图 3-3-6 所示。

"指定尾高"是指用箭头的"头"和"尾"之间的高差来定义坡度，此时，分别输入头高和尾高即可，"最低处标高"和"尾高偏移值"两个参数用于确定尾高，"最高处标高"和"头高偏移值"两个参数用于确定头高，例如，如图3-3-7所示的参数代表头部比尾部高500mm。

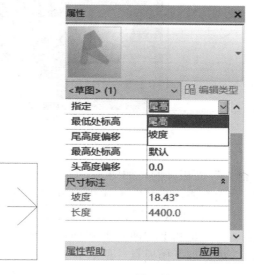

图 3-3-5　　　　　　　　　　　图 3-3-6　　　　　　　　　　　图 3-3-7

"指定坡度"是指以尾高（最低点）为基准，通过"坡度"参数控制楼板倾斜度，此时需要输入尾高和坡度，"最低处标高"和"尾高偏移值"两个参数用于确定尾高，"坡度"参数用于确定坡度，如图3-3-8所示。

楼板边界草图创建完成之后，点✔完成编辑，即可生成楼板，如图3-3-9所示。

图 3-3-8　　　　　　　　　　　图 3-3-9

提示：① 在 Revit 软件中，默认坡度箭头的头是高点，尾是低点；

② 用"指定尾高"的方式定义坡度时，一定要精确控制箭头的"头"和"尾"的位置。

2. 楼板的编辑

（1）楼板开洞

给已经绘制完成的楼板开洞有如下两种方法：

1）选中需要开洞的楼板，在弹出的"修改/楼板"选项卡中，点击"编辑边界"命令，然后通过题目要求的洞口形状，在边界线内部绘制轮廓线，即可完成开洞，如图 3-3-10 所示。

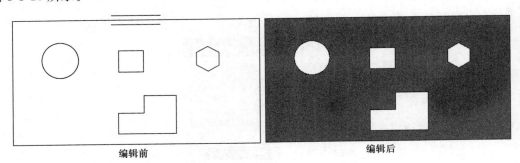

编辑前   编辑后

图 3-3-10

2）通过建筑选项卡下的"洞口"面板开洞，如图 3-3-11 所示。对于楼板，常用"按面"或"竖井"方式进行开洞，点击"按面"或"竖井"，在相应位置绘制洞口轮廓，单击完成编辑即可。

图 3-3-11

虽然上述两种方式均可实现开洞，但在洞口范围内添加了楼板点（见本节"楼板的形状编辑"）的情况下，前一种方法会把点一起剪切掉（在点上做的编辑将无效），而后一种方法不会把点剪切（在点上做的编辑将保持有效），使用时应注意区分。

（2）类型属性的编辑

对于楼板类型属性的考查一般集中在楼板构造层次的设置上，其与墙体类似，在"类型属性"对话框的"结构"参数下设置，如图 3-3-12 所示。设置方法也与墙体类似，只不过在"编辑部件"的"层"表中，多了"可变"这一参数，如图 3-3-13 所示。当某一行的"可变"打勾时，是指该层的厚度会根据楼板的坡度进行变化，最厚处为"厚度"值，参见本节"经典考题剖析"。

（3）楼板的形状编辑

建模中，有时需要利用形状编辑工具对楼板表面进行处理。例如，排水高点和低点的定义，形状编辑工具通过指定这些点的高程，可以将楼板表面拆分成多个可以独立倾斜的子面域。

形状编辑工具可以用来设置具有固定厚度的楼板坡度，也可以用来设置具有可变厚度层的楼板的顶面坡度（后者可以参考本节"经典考题剖析"）。

具体操作方法为：选中需要编辑的楼板，在弹出的"修改/楼板"选项卡下，单击"修改子图元"命令，如图 3-3-14 所示。然后可根据需要"添加点"或"添加分割线"。例如，在一块矩形板面上添加一条分割线，分别双击板左边两个端点，修改高程为"－300"，表示该点向下偏移 300mm，如图 3-3-15 所示，最终在立面图看到的是如图 3-3-16 所示的板。

提示：楼板的端点是楼板上已有的"点"，不需要单独添加。

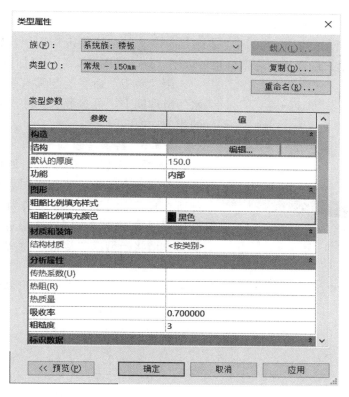

图 3-3-12

图 3-3-13

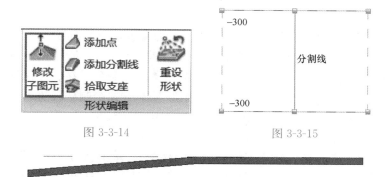

图 3-3-14   图 3-3-15

图 3-3-16

3."楼板"创建坡道或散水

如图 3-3-17 所示的坡道，可用"楼板"命令绘制：按指定构造层次设置"结构"参数，并借助坡度箭头设置相应坡度（也可以用"修改子图元"—"添加点"来设置坡度）。

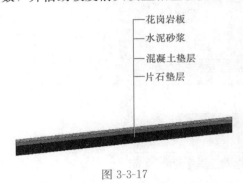

图 3-3-17

用"楼板"命令绘制具有多个构造层次的散水的道理同上，可参考本教材"第 4 部分 散水"的相关内容。

3.3.3 经典考题剖析

【例题 3-3-1】（图学会第四期第二题）根据图 3-3-18 中给定的尺寸及详图大样新建楼板，顶部所在标高为 ±0.000，命名为"卫生间楼板"，结构层保持不变，水泥砂浆层进行放坡，并创建洞口。请将模型以"楼板"为文件名保存到考试文件夹中。

【分析】本题考查了楼板的绘制、楼板的构造层次设置、楼板的形状编辑、楼板开洞等知识点。

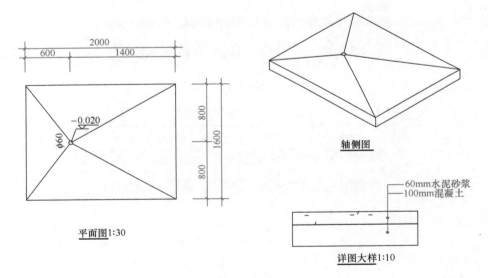

平面图1:30

轴侧图

60mm水泥砂浆
100mm混凝土

详图大样1:10

图 3-3-18

【解答】第一步，新建项目。以"建筑样板"为样板，新建项目。

第二步，绘制楼板。因为建筑样板的标高 1 正是 ±0.000，所以按题目要求，在标高 1 平面绘制楼板即可。单击"建筑"选项卡下的"楼板"命令，在属性栏下拉菜单中选择一种常规楼板，例如"常规—150mm"，用"矩形" ▭ 方式绘制楼板边界线，修改矩形的长边和短边尺寸分别为 2000mm 和 1600mm，单击 ✔ 完成编辑。

第三步，编辑楼板的构造层。选中楼板，单击"编辑类型"打开楼板的"类型属性"对话框，单击"复制"按钮，输入名称"卫生间楼板"。单击参数"结构"后面的"编辑"按钮，打开"编辑部件"对话框。根据题目所给大样图得知该楼板有两个构造层，分别为 100mm 厚混凝土和 60mm 厚水泥砂浆，因此按图 3-3-19 所示创建构造层，注意水泥砂浆层的"可变"参数打勾（代表水泥砂浆层厚度将根据坡度进行调整），单击"确定"，再单击"确定"，退出"类型属性"对话框。

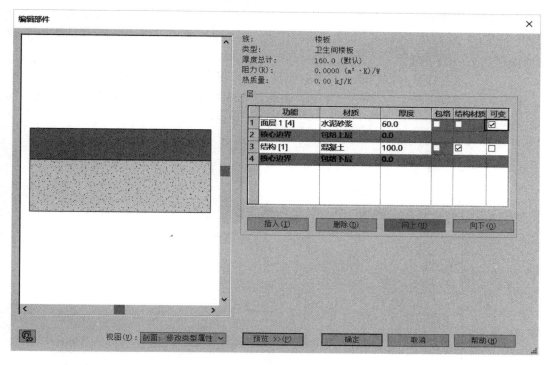

图 3-3-19

第四步，编辑楼板形状。为了定位楼板洞口的位置，先做两个参照平面。在"建筑"选项卡下单击"工作平面"模块的"参照平面"命令，用"拾取线" [图] 的方式，分别以板的左边线和上边线为参照，输入"偏移值"600mm 和 800mm，绘制出如图 3-3-20 所示的参照平面。选中楼板，在"修改/楼板"选项卡中，单击"形状编辑"模块的"修改子图元"命令，再单击"添加点"，在刚才所绘两个参照面的交点处单击放置"点"，按 Esc 键退出，然后双击"点"，输入高程值"−20"，如图 3-3-21 所示，按 Esc 键退出，即完成了楼板形状的编辑。此时从三维图可观察到，楼板底始终是水平的，楼板表面从四周向洞口处放坡，这就是题目所要求的利用水泥砂浆层进行放坡。

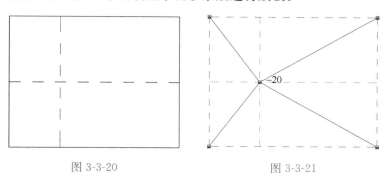

图 3-3-20   图 3-3-21

第五步，楼板开洞。该题目中洞口位置处是有楼板点的，所以不能通过修改楼板边界开洞，而只能用软件中单独的"洞口"模块来开洞。在标高1平面中，单击"建筑"选项卡下"洞口"模块的"竖井"命令，在弹出的"创建/修改洞口草图"选项卡中，选择"圆形" ⊙ 方式绘制边界线，以上文创建的楼板点为圆心，画半径为30mm的圆，单击 ✔ 完成编辑，洞口创建完毕。

第六步，保存项目。以"楼板"命名项目文件，保存至考试文件夹。

【练习】（图学会第十六期第一题）根据图3-3-22给定尺寸建立墙与水泥砂浆散水模型，地形尺寸自定义，未标明尺寸不作要求，请将模型以"散水＋考生姓名．×××"为文件名保存到考生文件夹中。

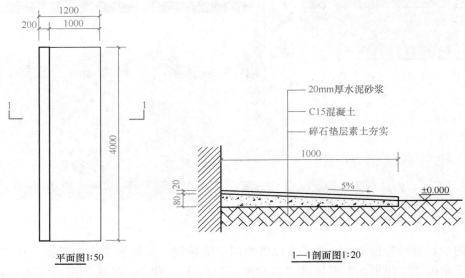

图 3-3-22

3.4 屋顶

屋顶也是房屋建筑中的一种结构，跟前文所介绍的楼板有些相同之处。例如，迹线屋顶中绘制屋顶边界的方式与楼板基本一致，屋顶构造层的设置与楼板一致等，对于前文已讲到的内容，这里不再赘述。

玻璃斜窗请参照前文3.2节相关内容。

面屋顶是指在体量面上生成屋顶，属于体量的内容，参见本教材"第2部分2.2体量"的相关内容。

3.4.1 考点分析

本节的考点主要集中在以下几个方面：

（1）迹线屋顶的绘制。综合建模中该类型的屋顶几乎必考，出现在局部建模中的概率也比较大；

（2）坡度箭头的使用；

（3）拉伸屋顶的绘制；

（4）老虎窗；

（5）屋顶的编辑。包括屋顶之间的连接、屋顶类型属性的编辑等。

3.4.2 实操讲解

1. 迹线屋顶的绘制

迹线屋顶是指绘制屋顶时使用建筑迹线定义其边界的屋顶创建方式，它是 Revit 中使用最广泛的一种屋顶。

在一个项目中，进入相应的平面视图，单击"建筑"选项卡下的"屋顶"下拉按钮，选择"迹线屋顶"，自动弹出"修改/创建屋顶迹线"选项卡。首先，设置好选项栏的参数，如图 3-4-1 所示，在属性栏中选择合适的屋顶类型，设置好实例属性（主要是"限制条件"里的参数，如图 3-4-2 所示）。随后，绘制或拾取边界线，方法与楼板类似，如图 3-4-3 所示为用直线方式绘制的屋顶边界线。最后，根据题目要求框选或者点选边界线来更改或取消其坡度，边界线的实例属性如图 3-4-4 所示。在图 3-4-5 所示的屋顶边界中，修改所有边界线的坡度为 25°，并取消最上和最右两条边界线的坡度，单击✔完成编辑，生成的迹线屋顶如图 3-4-5 所示。

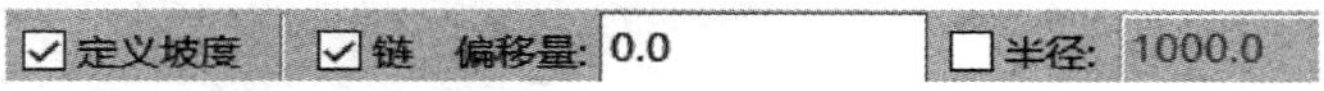

图 3-4-1

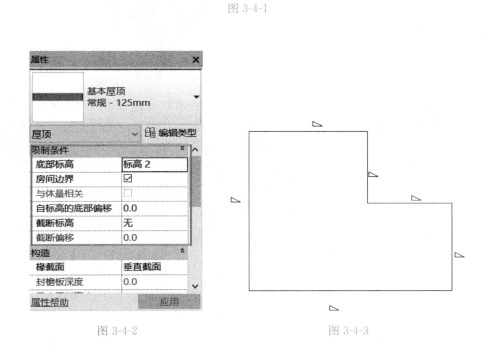

图 3-4-2 图 3-4-3

2. 坡度箭头的使用

对于坡度箭头，也可以用于屋顶坡度的定义，用法与楼板类似，不同之处在于：楼板在没有进行拆分的情况下只允许绘制一个坡度箭头，屋顶可以在对称方向绘制多个坡度箭头。如图 3-4-6 所示，在屋顶的四个边界线上共绘制了八个坡度箭头，统一设置坡度后，生成如图 3-4-7 所示屋顶。

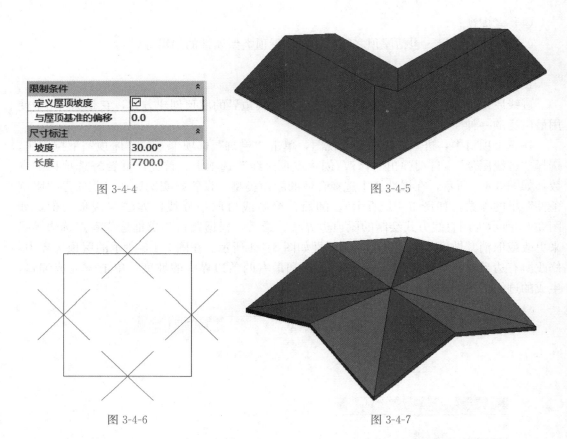

限制条件	
定义屋顶坡度	☑
与屋顶基准的偏移	0.0
尺寸标注	
坡度	30.00°
长度	7700.0

图 3-4-4   图 3-4-5

图 3-4-6   图 3-4-7

提示：使用坡度箭头定义屋顶某边坡度之前，要先取消勾选该边的"定义坡度"。

另外，坡度箭头往往跟边界线坡度结合使用，用于生成简单的老虎窗屋顶。例如，在图 3-4-3 所示的迹线屋顶上，最下面的边界线拆分出两段 2000mm 的线，并把它们的坡度取消，如图 3-4-8 所示。然后再布置两条对称的坡度箭头，如图 3-4-9 所示。设置坡度值为 30°，最终生成的屋顶形状如图 3-4-10 所示。

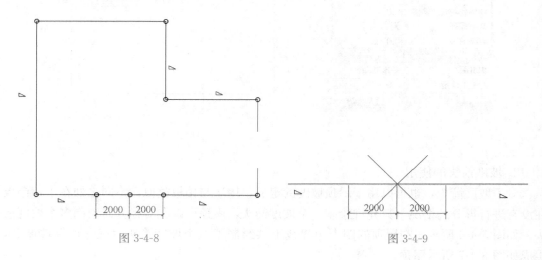

图 3-4-8   图 3-4-9

图 3-4-10

3. 拉伸屋顶的绘制

拉伸屋顶是指通过拉伸绘制的轮廓来创建屋顶。它的绘制方法类似于内建模型中"拉伸"形状的创建，可结合本教材"第 2 部分 2.1.1 拉伸"的内容进行学习。它适用于创建类似于图 3-4-11 所示形状的屋顶。

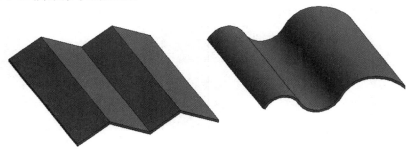

图 3-4-11

4. 屋顶的编辑

在"修改"选项卡，有一个命令专门为屋顶设置，即"连接/取消连接屋顶" ，它用于屋顶之间或屋顶与墙之间的连接或取消连接。具体操作方法为：单击 ，根据状态栏的提示，选择屋顶端点处要连接或取消连接的一条边，然后在另一个屋顶或墙上为前面要连接的屋顶选择面，即可完成连接。若要取消连接，重复连接操作的前两步即可。屋顶与墙之间的连接/取消连接亦是如此。图 3-4-12 为屋顶连接前后示意。

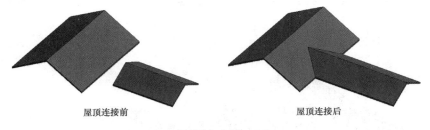

屋顶连接前　　　　　　　　　　　　　屋顶连接后

图 3-4-12

5. 老虎窗的创建

对于简单的没有侧墙的老虎窗的创建，参见前文"坡度箭头的使用"部分内容。而对于如图 3-4-13 所示的老虎窗，则需单独添加老虎窗墙、创建老虎窗屋顶以及老虎窗洞口，并将其连接到主屋顶，然后创建老虎窗洞口以对屋顶进行垂直以及水平剪切，具体操作请参照本节"经典考题剖析"。

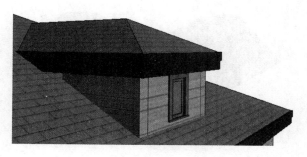

图 3-4-13

3.4.3　经典考题分析

【例题 3-4-1】（根据样题实操第二题改编）建立如图 3-4-14 所示屋顶模型，并对平面

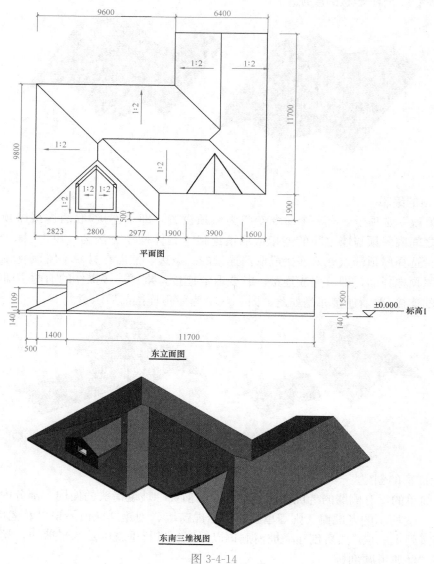

东南三维视图

图 3-4-14

及东立面做如图标注，以"老虎窗屋顶"命名保存在考生文件夹中。屋顶类型：常规—125mm，墙体类型：基本墙-常规 200mm，老虎窗墙外边线齐小屋顶迹线，窗户类型：固定—0915 类型，其他见标注。

【分析】本题考查了迹线屋顶的绘制、坡度箭头的使用、老虎窗的绘制等。难点在于带侧墙老虎窗的绘制。

【解答】第一步，新建项目。以"建筑样板"为样板，新建项目。

第二步，创建主屋顶轮廓。进入标高 1 平面，单击"建筑"选项卡下的"屋顶"命令，在属性栏下拉菜单中选择"常规—125mm"的屋顶类型，按照图中所给尺寸，用"直线" ✏ 方式绘制草图，框选所有边界线，在属性窗口更改"坡度"为"＝1：2"。完成后的草图如图 3-4-15 所示。

第三步，创建东侧不带侧墙的老虎窗屋顶。在屋顶草图模式下，用"拆分图元" ✚ 的方式在该老虎窗所在的边界线上截取出 3900mm 的线段，并把该段的坡度取消，然后相向绘制两条长度为 1950mm 的坡度箭头，如图 3-4-16 所示，选中这两个坡度箭头，在实例属性窗口中用"指定尾高"的方式设置坡度，根据题目所示尺寸，按图 3-4-17 所示输入参数，单击 ✔ 完成草图编辑，至此，主屋顶创建完成，如图 3-4-18 所示。

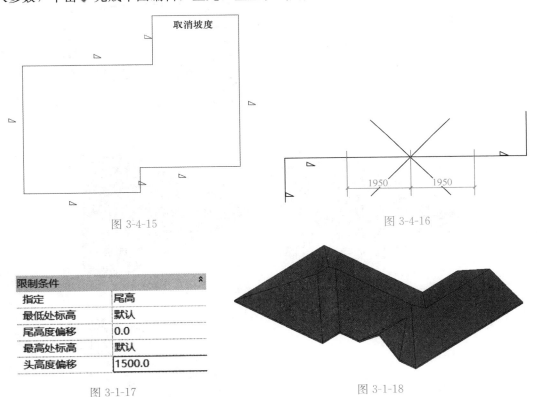

图 3-4-15

图 3-4-16

图 3-1-17

图 3-1-18

第四步，创建西侧带侧墙的老虎窗屋顶。在标高 1 平面中绘制几个工作平面以定位墙和屋顶边界，如图 3-4-19 所示。再次进入迹线屋顶命令，根据题目所给尺寸，按图 3-4-20 所示输入相应参数（注意"自标高底部偏移"值），用"矩形" ▭ 方式，以三个工作平面作为三个边界线的参照，另外一边位置大致正确即可，取消上下两条线的坡度，修改左右两条线坡度为"＝1∶2"。用"连接/取消连接屋顶"命令 把主体屋顶与该屋顶相连，连接后的三维图如图 3-4-21 所示。

第五步，绘制墙体及开老虎窗洞口。以"面层面：外部"作为定位线，对齐上面创建的工作平面绘制"常规 200mm"的墙体，保证墙体平面位置准确，墙体高度和东西两面墙的长度可先不作精确设置，如图 3-4-22 所示。单击"建筑"选项卡下"洞口"模块的"老虎窗"命令（图 3-4-23），然后根据状态栏的提示，先拾取主体屋顶，接着依次拾取三面墙的内边线和老虎窗屋顶，从而创建了洞口边界，如图 3-4-24 所示。单击 完成编辑，老虎窗洞口即创建完成。

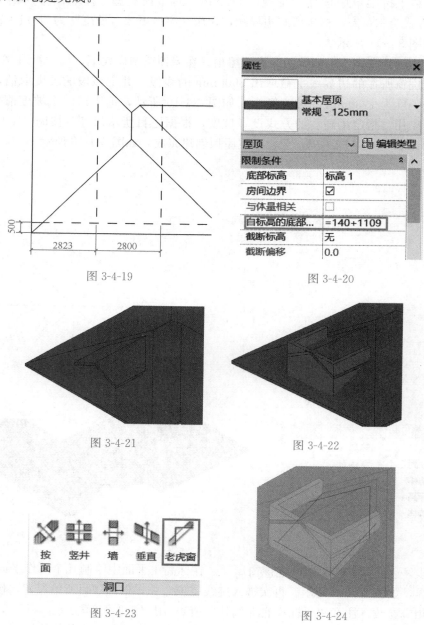

图 3-4-19

图 3-4-20

图 3-4-21

图 3-4-22

图 3-4-23

图 3-4-24

第六步，墙体附着、窗户布置。选中墙体，把它们的底部和顶部分别附着在主体屋顶和老虎窗屋顶上，并对墙长进行调整。单击"建筑"选项卡下的"窗"命令，选择符合题目要求的固定－0915类型布置在相应位置。最终完成后的三维图与题目所给三维图一致。

第七步，保存项目。以"老虎窗屋顶"命名项目，并保存至考生文件夹中。

提示：① 在平面视图中若不能俯视整个屋顶，可通过设置"视图范围"进行调整；

② 解答例题过程中，应先开老虎窗洞口，再将墙附着至屋顶，若顺序相反则会报错。

【练习】（图学会第十一期第一题）根据图3-4-25给定数据创建轴网与屋顶，轴网显示方式参考图3-4-25，屋顶底标高为6.3m，厚度150mm，坡度为1：1.5，材质不限，请将模型文件以"屋顶＋考生姓名"为文件名保存到考生文件夹中。

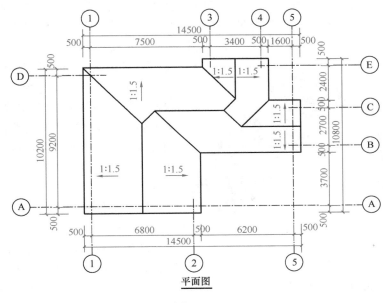

图 3-4-25

3.5 楼梯与栏杆扶手

楼梯属于多层建筑物中解决垂直交通问题的构件，它往往由梯段（又包括踏面和踢面）、休息平台、栏杆扶手等多个子构件组成，所以在建模中涵盖的参数较多，特别是如果题目考查弧形楼梯、非对称楼梯等，又会加大题目难度。

栏杆扶手经常与楼梯、台阶、坡道等同时考查。

3.5.1 考点分析

本节的考点主要集中在以下几个方面：

（1）楼梯的绘制。首先是考查"构件法"和"草图法"两种方法的区别以及各自适用的楼梯类型；其次，考查选定其中一种绘制方式后具体的绘制方法。

（2）楼梯参数的设置。考查根据题目中所给楼梯的平、立、剖面图正确设置楼梯参数。

（3）楼梯的编辑。考查对楼梯属性信息的熟练程度。例如，梯边梁、踏面、踢面等应如何设置等。

（4）栏杆扶手的绘制。

（5）栏杆扶手的编辑。

3.5.2　实操讲解

Revit 中创建楼梯的方式包括"构件法"和"草图法"两种。

"构件法"画楼梯是指把楼梯拆分成梯段、平台、支座三部分，通过分别绘制这三部分进行组合来创建楼梯，三部分相互独立，可分别编辑（但彼此之间也有智能关系，以支持设计意图。例如，如果从一个梯段中删除台阶，则会向连接的梯段添加台阶，以保持整体楼梯高度）。

"草图法"画楼梯是指通过定义楼梯梯段或绘制踢面线和边界线，在平面视图中创建楼梯。"草图法"中楼梯的轮廓是由踢面线和边界线决定的，因此我们可以通过控制踢面线或边界线的形状来绘制不规则楼梯，例如图 3-5-1 所示楼梯。

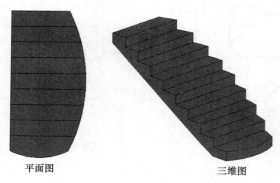

平面图　　　　　　　三维图

图 3-5-1

一般来说，对于形状规则的常规楼梯，首选"构件法"进行绘制，而对于形状比较灵活的楼梯，则应选择"草图法"来绘制。"构件法"与"草图法"所创建的楼梯属性也有所不同，因此本节区分上述两种方法分别讲解楼梯的绘制及属性编辑等内容。

1. "构件法"楼梯

（1）楼梯的绘制

新建项目，点开"建筑"选项卡下的"楼梯"命令的下拉菜单，选择"楼梯（按构件）"，自动弹出"修改/创建楼梯"选项卡，如图 3-5-2 所示，默认先绘制梯段。

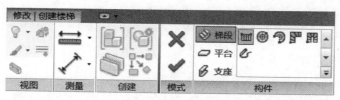

图 3-5-2

1）设置选项栏参数。如图 3-5-3 所示，注意梯段宽度是在此栏设置的。

定位线：梯段：中心	偏移量：0.0	实际梯段宽度：1000.0	☑自动平台

图 3-5-3

2）设置实例属性。根据题目要求，从属性栏中选择合适的楼梯类型。例如，"现场浇筑楼梯－整体浇筑楼梯"，然后依次确定属性栏中的参数，其中主要设置"限制条件"和"尺寸标注"两大内容，如图 3-5-4 所示。"限制条件"用来确定楼梯高度，注意这里不是一个梯段的高度，而应是将要一次性绘制的楼梯的整体高度，图 3-5-4 所示楼梯高度为从

"标高 1"至"标高 2"的 4000mm。"尺寸标注"用以确定踏面、踢面等参数，其中，"实际踏板深度"可直接输入，一般不应小于类型属性中"最小踏板深度"的值，而"实际踢面高度"通过楼梯高度与踢面数相除得到，此值不应大于类型属性中"最大踢面高度"的值，如图 3-5-5 所示，否则，应重新设置踢面数或修改楼梯高度，或者在有必要的情况下修改"最大踢面高度"值。

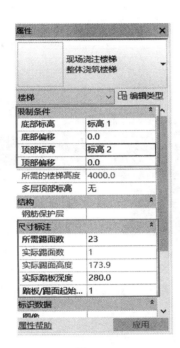

图 3-5-4

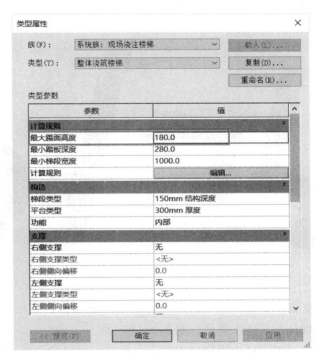

图 3-5-5

3）绘制楼梯。实例属性设置好之后楼梯的形状就被大体确定了，下面只需要把它绘制到相应位置。默认先绘制梯段，其最常用的方式是"直梯" 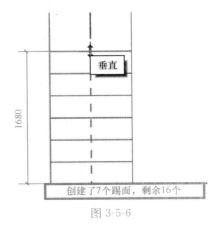，移动鼠标到作图区域的相应位置，单击，然后沿楼梯的走向方向移动鼠标，此时会出现提示"创建了×个踢面，剩余×个"，如图 3-5-6 所示。若楼梯有两个以上梯段，单击一次即完成一个梯段的创建，重复以上步骤直至所有梯段绘制完成；若楼梯只有一个梯段，在提示"剩余 0 个"的地方单击，即可完成楼梯绘制。

绘制梯段的另外几种方式不太常用，这里稍作解释：

"全踏步螺旋"——通过指定起点和半径创建螺旋梯段；

"圆心-端点螺旋"——通过指定梯段的中心点、起点和终点来创建螺旋梯段；

"L 形转角"或"U 形转角"——通过指定梯段的较低端点创建 L 形或 U 形斜踏步梯段。

图 3-5-6

对于两个以上梯段的直行楼梯，如果在选项栏中勾选了"自动平台"，则会在绘制的几个梯段之间自动添加平台，如图 3-5-7 所示。若"自动平台"的形状等不符合要求，则可删除该平台，或在绘制之前不要在选项栏勾选"自动平台"，然后用"平台"命令，手动绘制。具体操作方法：单击"平台" ⬭ 平台 命令，选择"创建草图" ✐，根据需要选择相应形状画出平台轮廓线，单击"完成编辑" ✔，即可创建出形状灵活的平台，如图 3-5-8 所示。

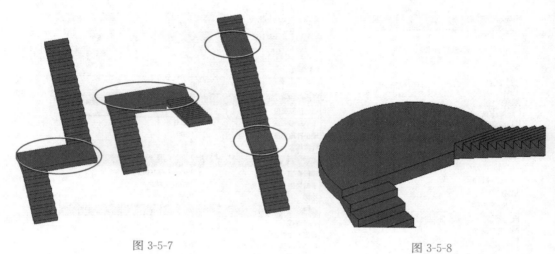

图 3-5-7   图 3-5-8

提示：如果不小心误删了自动生成的平台，可以用"平台"命令下的"拾取两个梯段" ▦ 按钮，拾取梯段，重新生成平台。

如果需要给楼梯创建支撑，一般是在梯段的"类型属性"中进行设置，如图 3-5-9 所

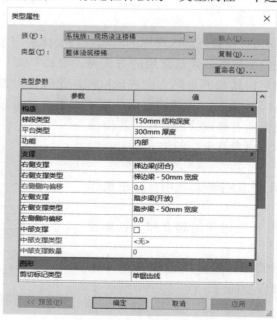

图 3-5-9

示。而对于误删了某段支撑的情况，或者绘制剪刀楼梯等通过"类型属性"的设置可能不会自动创建支撑的复杂楼梯的情况，可通过"支座" 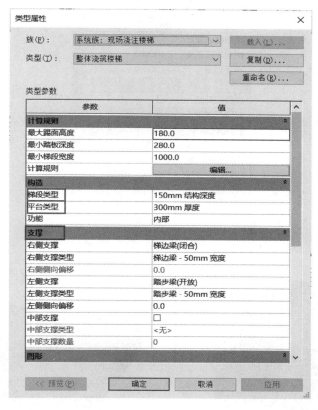支座命令，拾取需要添加支撑的梯段边或平台边来创建支撑。

（2）楼梯的编辑

"构件法"绘制的楼梯可以对整个楼梯进行编辑，也可以分别编辑梯段和平台。

1）楼梯的编辑。选中楼梯，此时属性栏显示的是整个楼梯的实例属性信息，实例属性在前文"楼梯的绘制"中已经讲到，下面主要讲解类型属性。单击"编辑类型"按钮，弹出的是整个楼梯的"类型属性"对话框，它包括"梯段""平台""支撑"等参数，如图 3-5-10 所示。其中"梯段类型""平台类型"后面均有扩展按钮，如图 3-5-11 所示。单击扩展按钮即可进一步弹出"梯段""平台"的类型属性对话框。

图 3-5-10

平台类型	300mm 厚度		梯段类型	150mm 结构深度

图 3-5-11

2）梯段的编辑。若在选中楼梯后，单击绘图区域右上方"编辑楼梯"命令，此时楼梯的梯段、平台、支撑等是可以被分别选中的。单击选中某一梯段，此时属性栏呈现的是梯段的实例属性，如图 3-5-12 所示，主要包括"限制条件""构造""尺寸标注"等信息。

"构造"中"以踢面开始""以踢面结束"两个参数的含义如下：勾选"以踢面开始"，则在梯段的开始处添加一个踢面，否则，以踏面开始；勾选"以踢面结束"，则在梯段的末端添加一个踢面，否则，以踏面结束。如图 3-5-13～图 3-5-16 所示。无论以何种方式开始或结束，总踢面数需符合楼梯高度的设置。

图 3-5-12

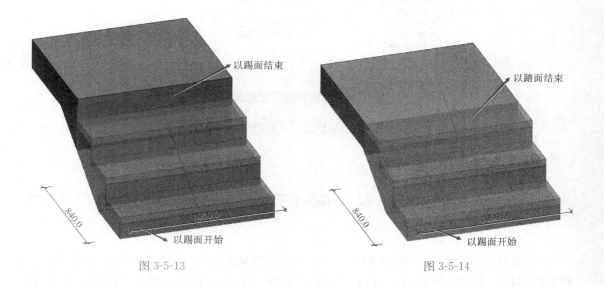

图 3-5-13   图 3-5-14

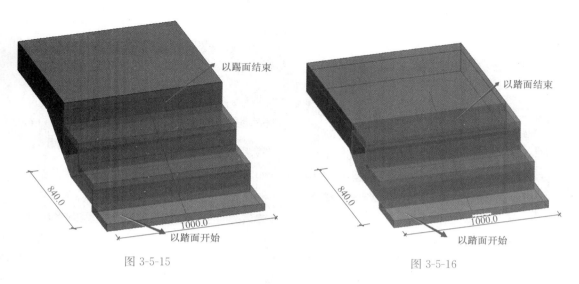

图 3-5-15   图 3-5-16

　　单击属性栏的"编辑类型"按钮则弹出梯段的"类型属性"窗口，梯段的类型属性可设置构造、材质、踏板、踢面等参数，如图 3-5-17 所示。

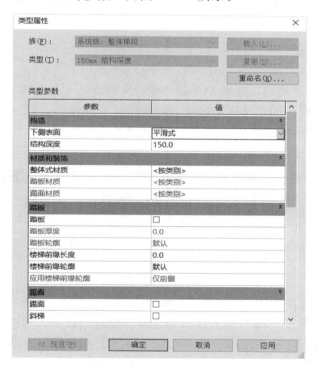

图 3-5-17

　　3）平台的编辑。平台的实例属性主要用来设置平台相对高度，平台的类型属性可设置平台的厚度、材质、踏板（即面层）等参数，如图 3-5-18 所示。

　　4）支撑的编辑。支撑的类型属性可设置支撑的材质、截面尺寸等参数，如图 3-5-19 所示。

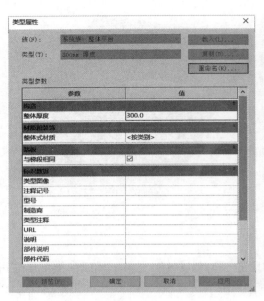

图 3-5-18   图 3-5-19

2. "草图法"楼梯

（1）楼梯的绘制

新建项目，点开"建筑"选项卡下的"楼梯"命令的下拉菜单，选择"楼梯（按草图）"，自动弹出"修改/创建楼梯"选项卡，如图 3-5-20 所示，默认绘制"梯段"。用绘制"梯段"的方式创建楼梯与"构件法"类似，这里不再赘述，以下主要讲解如何用"边界"和"踢面"来创建楼梯。

图 3-5-20

1）设置实例属性。方法与"构件法"楼梯一致。

2）绘制楼梯边界。"边界"是指用来控制楼梯宽度的线条。单击"边界"，选择合适的形状绘制边界或拾取线生成边界，图 3-5-21 所示有色线条即为边界。

3）绘制踢面。单击"踢面"，选择合适的形状绘制踢面或拾取线生成踢面，每个踢面的轮廓或踏步深度（相邻的两个踢面之间的距离即为踏步深度）都可灵活定义，注意踢面数的提示。图 3-5-22 所示黑色线条即为踢面。

提示：边界线与首尾两条踢面线之间需形成封闭轮廓，才可创建楼梯。

如果通过绘制边界和踢面的楼梯包含平台，应在边界线与平台的交汇处断开，以便栏杆扶手准确地附着于平台和梯段，如图 3-5-23 所示。

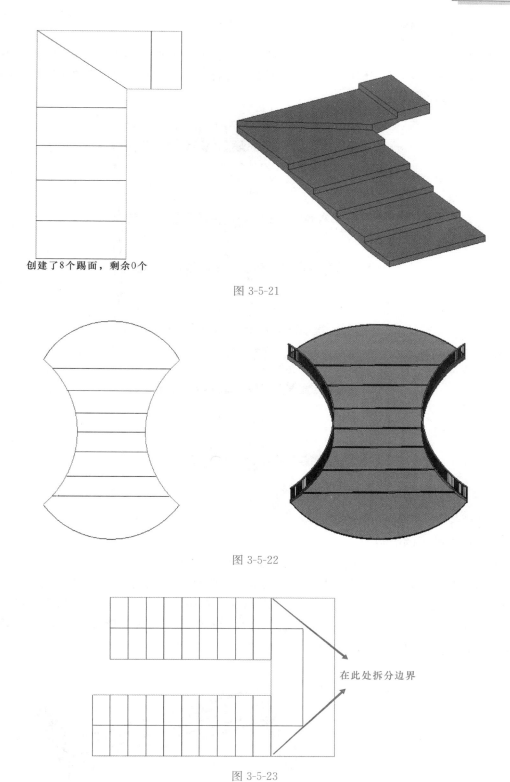

创建了8个踢面，剩余0个

图 3-5-21

图 3-5-22

在此处拆分边界

图 3-5-23

（2）楼梯的编辑

"草图法"所绘制的楼梯实例属性和类型属性都与"构件法"楼梯大体一致，只不过没有"梯段"与"平台"之分。类型属性可设置"材质""踏板""踢面""梯边梁"等参数，如图 3-5-24 所示。

类型参数	
参数	值
构造	
延伸到基准之下	0.0
整体浇筑楼梯	☑
平台重叠	76.0
螺旋形楼梯底面	平滑式
功能	内部
图形	
平面中的波折符号	☑
文字大小	2.5000 mm
文字字体	Microsoft Sans Serif
材质和装饰	
踏板材质	<按类别>
踢面材质	<按类别>
梯边梁材质	<按类别>
整体式材质	<按类别>
踏板	
踏板厚度	0.0
楼梯前缘长度	0.0
楼梯前缘轮廓	默认
应用楼梯前缘轮廓	仅前侧
踢面	
开始于踢面	☑
结束于踢面	☐
踢面类型	直梯
踢面厚度	0.0
踢面至踏板连接	踢面延伸至踏板后
梯边梁	
在顶部修剪梯边梁	不修剪
右侧梯边梁	闭合

图 3-5-24

3. 栏杆扶手

（1）栏杆扶手的绘制

栏杆扶手的绘制有两种方式："绘制路径"和"放置在主体上"。

"绘制路径"：是指不需要依附于某个主体而单独创建的栏杆扶手。单击"建筑"选项卡下的"栏杆扶手"下拉菜单，选择"绘制路径"，在属性栏中指定好栏杆扶手类型（例如"900mm 圆管"）后，选择合适的形状（例如"直线" ╱）创建路径，然后单击 ✔ 完成编辑，即可生成栏杆扶手，如图 3-5-25 所示。

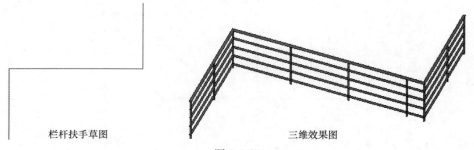

栏杆扶手草图 三维效果图

图 3-5-25

"放置在主体上"：是指通过拾取楼梯、坡道等作为主体，来放置栏杆扶手。单击"建筑"选项卡下的"栏杆扶手"下拉菜单，选择"放置在主体上"，在属性栏中指定好栏杆扶手类型（例如"900mm 圆管"）后，在"位置"面板上选择"踏板"或"梯边梁"，再选中需要放置栏杆扶手的主体（例如某楼梯），即可完成栏杆扶手的放置。

（2）栏杆扶手的编辑

题目对栏杆扶手编辑的考查主要集中在"类型属性"中的"扶栏结构（非连续）""栏杆位置""顶部扶栏"等几个参数中，如图 3-5-26 所示。

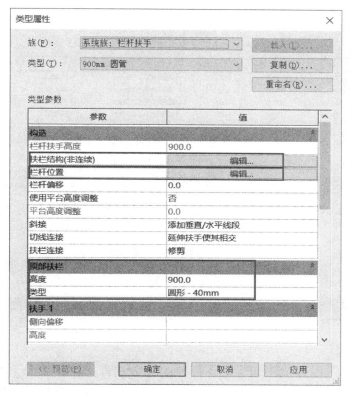

图 3-5-26

其中，"顶部扶栏"用来编辑栏杆扶手最顶部的水平杆件，即图 3-5-27 所示的"顶部扶栏"；"扶栏结构"用来编辑除最顶部外的其他水平杆件，即图 3-5-27 所示的"一般位

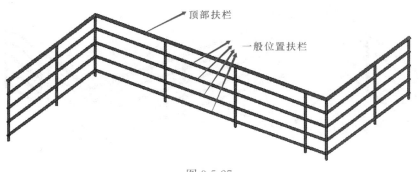

图 3-5-27

置扶栏"；"栏杆位置"用来编辑垂直杆件。下面对三者进行详细说明：

1）顶部扶栏。其中"高度"是指扶栏顶的高度，"类型"是指扶栏断面轮廓类型，根据实际情况输入即可。

2）"扶栏结构"。单击参数"扶栏结构（非连续）"后面的"编辑"按钮，弹出"编辑扶手（非连续）"对话框，如图3-5-28所示。从中可插入、复制、删除扶栏，并可对每一根扶栏进行高度、轮廓、材质等的设置。

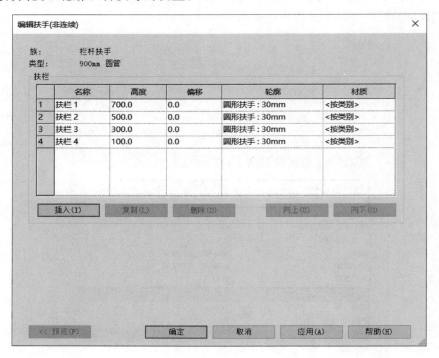

图 3-5-28

3）"栏杆位置"Revit把栏杆分为了四种：常规栏杆、起点支柱、转角支柱、终点支柱，它们分别代表不同位置的立杆，如图3-5-29所示。单击参数"栏杆位置"后面的"编辑"按钮，弹出"编辑栏杆位置"对话框，如图3-5-30所示。

其中，"主样式"中的"常规栏杆"用来设置常规栏杆的参数，包括栏杆的顶部位置、底部位置、相对前一栏杆的距离等。如果相邻两个栏杆之间的距离不等，还可通过"复

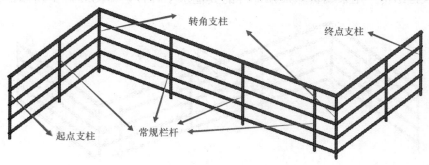

图 3-5-29

图 3-5-30

制"命令设置多个栏杆间距，栏杆扶手较长时常规栏杆将会在这些间距下循环，直到没有足够空间。例如，在总长 4000mm 的栏杆扶手上，依次设置"1000""500""200"的栏杆间距，则常规栏杆的样式如图 3-5-31 所示。

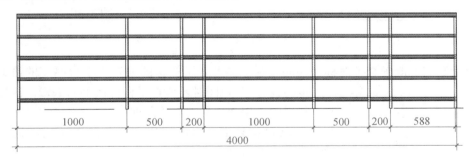

图 3-5-31

另外，"对齐"方式可选择"起点""终点""中心""展开样式以匹配"，如图 3-5-32 所示。"起点"表示样式始自栏杆扶手段的始端，如果样式长度不是恰为栏杆扶手长度的倍数，则最后一个样式实例和栏杆扶手段末端之间则会出现多余间隙；"终点"表示样式始自栏杆扶手段的末端，如果样式长度不是恰为栏杆扶手长度的倍数，则最后一个样式实例和栏杆扶手段始端之间则会出现多余间隙；"中心"表示第一个栏杆样

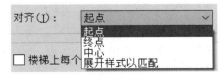

图 3-5-32

式位于栏杆扶手段中心，所有多余间隙均匀分布于栏杆扶手段的始端和末端；"展开样式以匹配"表示沿栏杆扶手段长度方向均匀扩展样式，不会出现多余间隙，且样式的实际位置值不同于"样式长度"中指示的值。

3.5.3 经典考题分析

【例题 3-5-1】（图学会第七期第二题）请根据图 3-5-33 所示创建楼梯与扶手，楼梯构造与扶手样式参照该图。顶部扶手为直径 40mm 圆管，其余扶栏为直径 30mm 圆管，栏杆扶手的标注均为中心间距。请将模型以"楼梯扶手"为文件名保存到考生文件夹中。

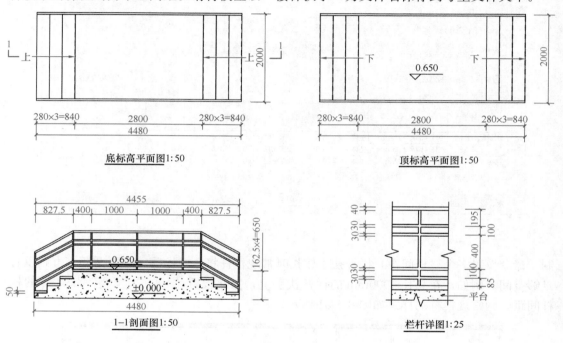

图 3-5-33

【分析】本题既考查了对称楼梯的绘制，又考查了楼梯的编辑（平台厚度的设置、踏步的设置等），同时还考查了栏杆扶手的编辑。该楼梯形状规则，用"构件法"绘制即可。

【解答】第一步，新建项目。以"建筑样板"为样板，新建项目。

第二步，设置楼梯的实例属性。单击"建筑"选项卡下的"楼梯"下拉菜单，选择"楼梯（按构件）"，根据题图，先在属性栏中把楼梯样式调整为"现场浇筑楼梯 整体浇筑楼梯"，实例属性中"限制条件"和"尺寸标注"的参数作如图 3-5-34 所示的设置。在选项栏中把"实际梯段宽度"修改为 2000mm，"自动平台"取消勾选，如图 3-5-35 所示。

第三步，绘制梯段。在作图区域单击以放置楼梯起点，向右移动鼠标直至提示"创建了 4 个踢面，剩余 0

限制条件	⌃
底部标高	标高 1
底部偏移	0.0
顶部标高	标高 1
顶部偏移	650.0
所需的楼梯高度	650.0
多层顶部标高	无
结构	⌃
钢筋保护层	
尺寸标注	⌃
所需踢面数	4
实际踢面数	1
实际踢面高度	162.5
实际踏板深度	280.0
踏板/踢面起始...	1

图 3-5-34

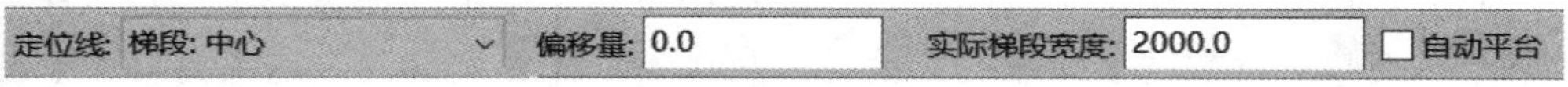

| 定位线: 梯段: 中心 | ∨ | 偏移量: 0.0 | 实际梯段宽度: 2000.0 | □ 自动平台 |

图 3-5-35

个",再次单击即可完成一半楼梯的绘制。绘制一个工作平面,使之与楼梯相距 1400mm,如图 3-5-36 所示。选中刚才所绘制的梯段,把它沿工作平面镜像(复制)到另一边,如图 3-5-37 所示。

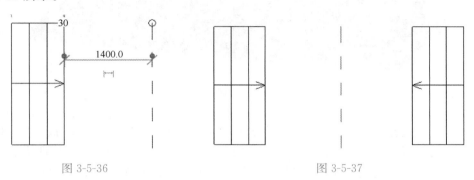

图 3-5-36   图 3-5-37

第四步,绘制平台。在"修改/创建楼梯"模式下,选择"平台",用"创建草图" ✍ 的方式,绘制矩形,如图 3-5-38 所示。单击 ✔ 完成编辑,即可生成平台,再单击 ✔ 完成编辑,即完成了整个楼梯的绘制。此时的楼梯三维效果如图 3-5-39 所示。

图 3-5-38

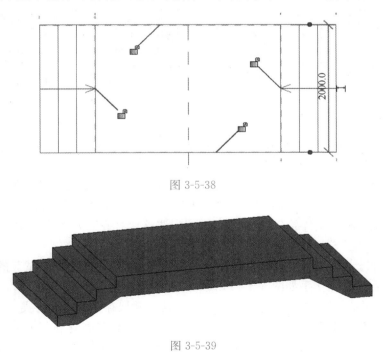

图 3-5-39

第五步,楼梯编辑。选中楼梯,单击"编辑楼梯",再选中一个梯段,单击"编辑类型"进入梯段的"类型属性"窗口,参数"踏板"打勾,并确认"踏板厚度"为 50mm,

单击"应用"，再单击"确定"退出窗口。再选中平台，单击"编辑类型"进入平台的"类型属性"窗口，参数"整体厚度"设置为650mm，单击"确定"退出窗口。单击✔完成编辑，此时楼梯三维效果如图3-5-40所示。

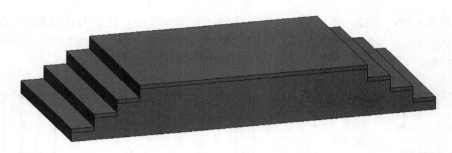

图 3-5-40

第六步，栏杆扶手编辑。绘制楼梯时自动布置的栏杆扶手（"900mm 圆管"）不符合题目要求，需进行修改。选中其中一个栏杆扶手，单击"编辑类型"打开栏杆扶手的类型属性对话框。单击"复制"重新创建一个类型，输入新的名称，例如"900mm 圆管-考试"。单击参数"扶栏结构（非连续）"后面的"编辑"按钮，进入"编辑扶手"窗口，根据题图依次设置扶栏的"高度"和"轮廓"，如图3-5-41所示。单击"应用"，再单击"确定"退出窗口。

	名称	高度	偏移	轮廓	材质
1	扶栏 1	700.0	0.0	圆形扶手：30mm	<按类别>
2	扶栏 2	600.0	0.0	圆形扶手：30mm	<按类别>
3	扶栏 3	200.0	0.0	圆形扶手：30mm	<按类别>
4	扶栏 4	100.0	0.0	圆形扶手：30mm	<按类别>

图 3-5-41

提示："编辑扶手"窗口中的"高度"值是指该扶栏顶点的离地高度，而题目中标注的均是圆管中心间距，需要做相应转换。

接着把"顶部扶栏"的"高度"调整为895mm，"类型"确定为"圆形－40mm"。

单击参数"栏杆位置"后面的"编辑"按钮，进入"编辑栏杆位置"窗口，确认常规栏杆的"相对前一栏杆的距离"为"1000mm"，调整"对齐"方式为"中心"。单击"应用"，再单击"确定"退出窗口。

选中另外一个栏杆扶手，在属性栏中把它替换成"900mm 圆管-考试"的类型。

最终完成后的楼梯扶手如图3-5-42所示。

第七步，保存项目。以"楼梯扶手"命名项目，并保存至考生文件夹中。

【练习】（图学会第九期第二题）根据图3-5-43给定数值创建楼梯与扶手，扶手截面为50mm×50mm，高度为900mm，栏杆为20mm×20mm，栏杆间距为280mm，未标明尺寸不作要求，楼梯整体材质为混凝土，请将模型以"楼梯扶手"为文件名保存到考生文件夹中。

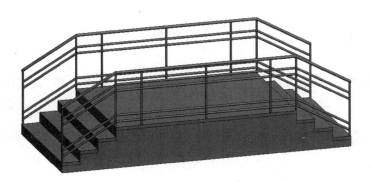

图 3-5-42

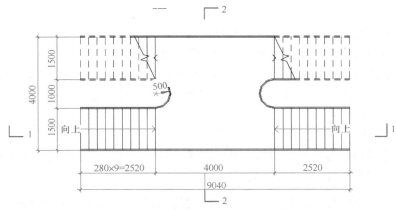

平面图

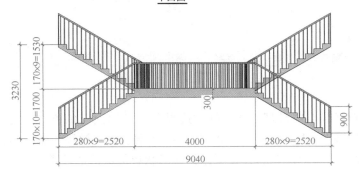

剖面图1-1

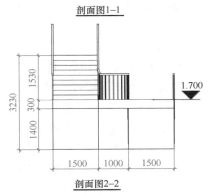

剖面图2-2

图 3-5-43

3.6 坡道

坡道一般设置于室外，以解决室内外高差的问题。与楼梯一样，绘制时不仅要设置水平方向的参数，还应设置垂直方向的参数，但因为没有踏步，相较楼梯少踏面、踢面等属性。

对于有多个构造层次的复杂坡道，由于 Revit 中的"坡道"不能定义不同的构造层次，实际操作时往往借助"楼板"命令来创建。

坡道有时会与楼梯、栏杆扶手等同时考查。

3.6.1 考点分析

本节的考点主要集中在以下几个方面：

（1）坡道的绘制。包括坡道的参数设置等。

（2）坡道的编辑。包括坡道类型属性及实例属性的编辑。

（3）多个构造层次的坡道。Revit 本身的"坡道"命令不能设置不同构造层次，可利用"楼板"命令创建，可参考本教材"3.3 楼板"一节的相关内容。

3.6.2 实操讲解

1. 坡道的绘制

坡道的绘制与楼梯有很多相似之处。新建项目，点开"建筑"选项卡下的"坡道"命令，自动弹出"修改/创建坡道草图"选项卡，如图 3-6-1 所示。

图 3-6-1

可以选择直接绘制"梯段"，或选择"边界"＋"踢面"的方式创建坡道。添加坡道的最简单方法是绘制梯段。但是，"梯段"工具只能创建直梯段、带平台的直梯段和螺旋梯段，而"边界"＋"踢面"的方式可以创建形状更加灵活的坡道。

下面分别用两种方式绘制"坡度 1∶10，起点与终点高差 450mm，宽度 1000mm，长度 4500mm 的坡道"。

（1）直接绘制梯段创建坡道

单击"梯段"，在属性栏中设置好"限制条件"——用于定义底部高度位置与顶部高度位置，如图 3-6-2 所示，并设置"尺寸标注"中的"宽度"为"1000"。点击"编辑类型"，在弹出的"类型属性"对话框中修改"造型"为"实体"，并修改"坡道最大坡度"为"10"，如图 3-6-3 所示，单击"确定"关闭窗口。

软件提供了两种不同形状来创建坡道——"直线"／和"圆心-端点弧"（。选择"直线"／，然后把鼠标移到相应区域，单击放置坡道的起点，沿坡度方向移动鼠标，视图上会出现提示"×创建的倾斜坡道，×剩余"，直到鼠标所在位置距离起点大于

4500mm 时，单击鼠标，此时显示"4500 创建的倾斜坡道，0 剩余"，即完成了坡道草图的绘制（图 3-6-4）。再单击✔完成编辑，坡道创建完毕。如果不需要自动创建的栏杆扶手，可以选中后把其删除。三维效果图如图 3-6-5 所示。

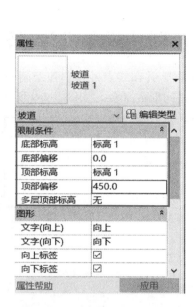

图 3-6-2

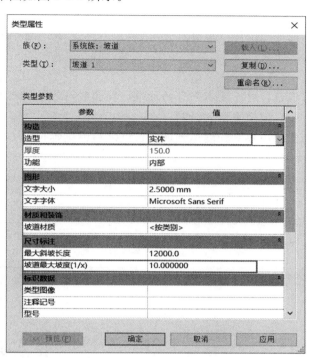

图 3-6-3

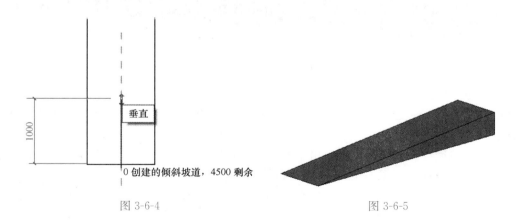

图 3-6-4

图 3-6-5

（2）"边界"＋"踢面"创建坡道

单击"边界"，软件中提供了多种绘制边界的形状，在此选择"直线"✐，沿一定方向绘制长度 4500mm 的边界线，平行于此边界线再绘制距离前者 1000mm 的另一条边界线，如图 3-6-6 所示。

单击"踢面"，软件中也提供了多种绘制踢面的形状，在此选择"直线"✐，在两条边界线的起始端和终止端各绘制一条踢面线，如图 3-6-7 所示。单击✔完成编辑，坡道创建完毕。

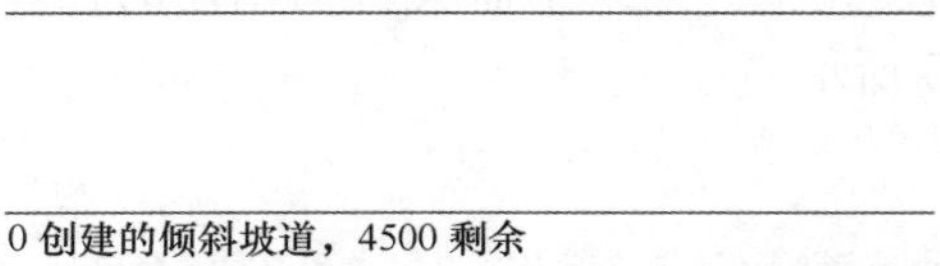

0 创建的倾斜坡道，4500 剩余

图 3-6-6

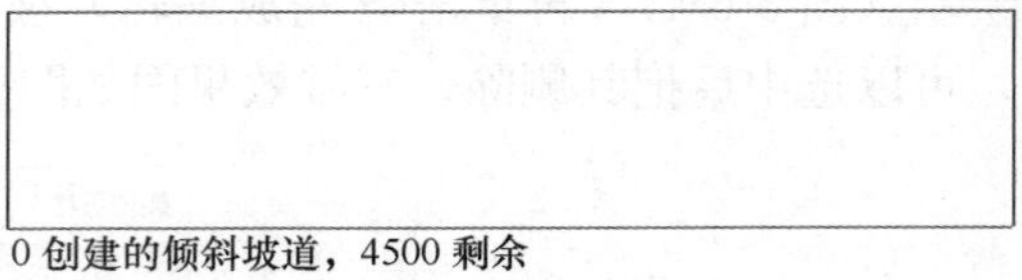

0 创建的倾斜坡道，4500 剩余

图 3-6-7

提示：对于没有平台的坡道，踢面线与边界线之间必须围成封闭轮廓，且不能相交。

（3）坡道平台的绘制

在"边界"长度达到坡道长度之后继续延长到一定位置，并在终点处再单独绘制一条"踢面"，如图 3-6-8 所示，则会在后面的两条"踢面"线之间形成平台，如图 3-6-9 所示。

4500 创建的倾斜坡道，0 剩余

图 3-6-8

图 3-6-9

2. 坡道的编辑

（1）形状编辑。选中坡道，可重新编辑坡道"边界"的形状，但"踢面"只能为直线。

（2）实例属性。实例属性中，可编辑坡道的宽度。

（3）类型属性。见图 3-6-3，常用的参数如下：

1）"造型"——可设置为"结构板"或"实体"，当设置为"结构板"时，可进一步设置"厚度"值，"结构板"与"实体"的区别如图 3-6-10 所示。

实体   结构板

图 3-6-10

2）"坡道材质"——用以设置坡道材质。

3）"最大斜坡长度"——用以设置斜坡长度的最大值。当绘制的坡道长度大于此值时还没有达到指定高差，则软件会弹出"警告"提示。此时应重新修改该参数，或者重新调整实例属性中的"限制条件"。

4)"坡道最大坡度（1/X）"——用以设置斜坡坡度的最大值。作用道理可类比"最大斜坡长度"。

3.6.3 经典考题分析

【例题3-6-1】（中国建设教育协会·2015年全国 BIM 应用技能考试第二大题）某住宅楼入口处的楼梯及坡道示例如图3-6-11所示，按照平面图与立面图创建楼梯与坡道模型，栏杆高度为900mm，栏杆样式不限，结果以"楼梯坡道"为文件名保存在考生文件夹中。其他建模所需尺寸可参考给定的平、剖面图自定。

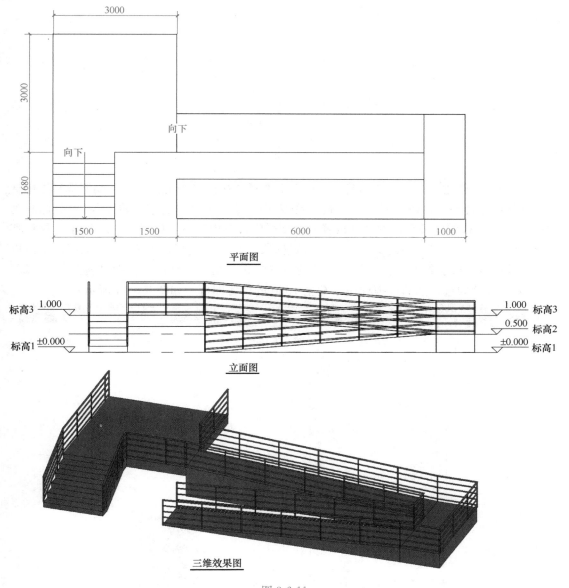

图 3-6-11

【分析】 本题同时考查了楼梯、平台、坡道以及栏杆扶手的绘制，涵盖内容比较多，但并不复杂，如果能够准确设置相关参数，则题目可迎刃而解。

【解答】 第一步，新建项目。以“建筑样板”为样板，新建项目。

第二步，创建标高。进入立面视图（如南立面），根据题目所给立面图创建标高 2、标高 3。

第三步，创建参照平面。进入标高 1 平面，利用“参照平面”命令创建一些工作面，以作为作图时的参照，如图 3-6-12 所示。

3000
3000
1680
1500
1500
6000
1000

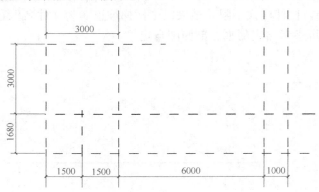

图 3-6-12

第四步，创建楼梯。在“建筑”选项卡下选择“楼梯（按构件）”，在类型选择器中选择“整体浇筑楼梯”，在实例属性中设置楼梯的“底部标高”为“标高 1”，顶部标高为“标高 3”，踏板深度按默认的 280 设置。选项栏中设置楼梯参数如图 3-6-13 所示。鼠标移动至左下角两个工作平面的交点，单击放置梯段起点，向上移动至 1680 的长度，单击以放置梯段终点（此时若发现梯段在 1400 的位置终止，则选中梯段，修改“构造”：“以踢面结束”取消勾选，然后拖拽梯段末端至 1680 的位置即可，如图 3-6-14 所示）。

定位线: 梯段: 左
偏移量: 0.0
实际梯段宽度: 1500.0
自动平台

图 3-6-13

属性
整体梯段
150mm 结构深度
楼梯: 梯段 (1)
编辑类型
限制条件
定位线
梯段: 左
相对基准高度
0.0
相对顶部高度
1000.0
梯段高度
1000.0
构造
延伸到踢面底...
0.0
以踢面开始
以踢面结束
尺寸标注
实际梯段宽度
1500.0
属性帮助
应用
项目浏览器 - 项目2
3000
1680
1680.0

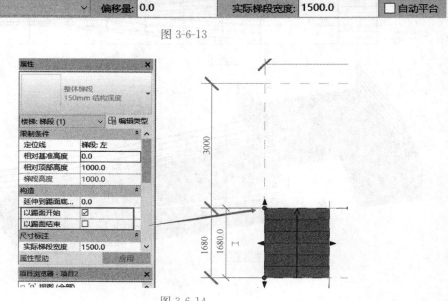

图 3-6-14

第五步，绘制平台。继续上一步，切换至"平台"命令，依次选择"创建草图"——"矩形"，把鼠标移至作图区域，参照前文绘制的工作平面绘制矩形草图，如图 3-6-15 所示。连续单击两次✔完成编辑，即可完成楼梯和平台的绘制。

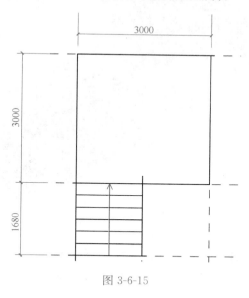

图 3-6-15

第六步，绘制坡道。单击"建筑"选项卡下的"坡道"命令，在实例属性中设置坡道的"底部标高"为"标高 1"，顶部标高为"标高 3"，其他按默认设置。在类型属性中设置"造型"为"实体"，"最大斜坡长度"和"坡道最大坡度"可按默认设置即可（本题斜坡长度刚好为 12000mm，坡度为 1/12）。确认当前命令为"梯段"，把鼠标移至坡道的起点位置，分两段绘制坡道，如图 3-6-16 所示。框选两段坡道，把它们移动至合适位置，单击✔完成编辑，即可完成坡道的绘制。此步骤后的三维图如图 3-6-17 所示。

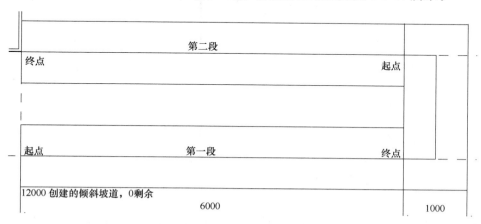

图 3-6-16

第七步，编辑栏杆扶手。绘制楼梯、平台及坡道时已经自动生成栏杆扶手，且默认栏杆扶手类型符合题目要求，但路径需作修改。进入标高 1 平面，选中需要修改的栏杆扶手，点击"编辑路径"，进入栏杆扶手路径草图模式，修改成如图 3-6-18 所示状态后，单

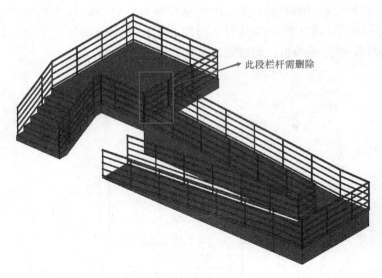

此段栏杆需删除

图 3-6-17

击✔完成编辑。然后再依次单击"栏杆扶手"—"绘制路径",重新绘制一条栏杆扶手路径,如图 3-6-19 所示,单击✔完成编辑,单击"拾取新主体",选择楼梯,把该段栏杆扶手重新放置到楼梯上。

提示:由于栏杆路径必须是连续的线,所以不能一次性修改到位,而必须分开绘制。另外,路径绘制完成之后形成的栏杆扶手需手动拾取到主体上。

第八步,保存项目。以"楼梯坡道"命名项目,并保存至考生文件夹中。

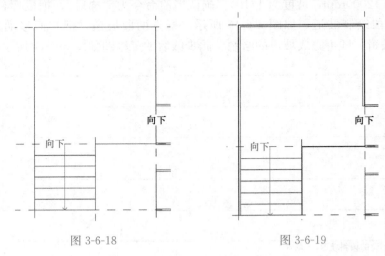

图 3-6-18   图 3-6-19

【练习】根据图 3-6-20 给出的相应视图创建楼梯坡道模型,其中坡道宽度为 1000mm,坡道最大宽度(1/x)为 5.0,楼梯、休息平台和坡道材质均为:"花岗岩-灰色有斑点",栏杆类型为"栏杆扶手 1100mm",顶部扶栏轮廓为"圆形:40mm",其余轮廓类型为"圆形:25mm",未给尺寸自拟。请将模型以"楼梯坡道"为文件名保存到考生文件夹中。

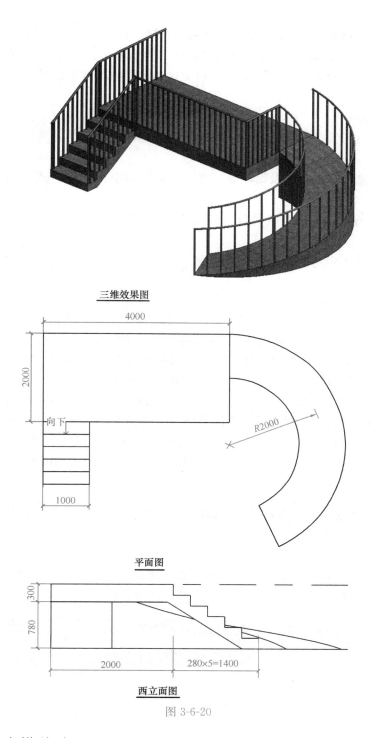

三维效果图

平面图

西立面图

图 3-6-20

3.7　局部建模综合

　　局部综合建模题一般在考试中出现在实操题目的前面两题中，它同时考查多类构件，但又不如综合建模那么复杂，一般仅是对某一简单局部模型的考查。如 2019 第二期的

"钢结构雨篷",同时考查了标高、轴网、楼板、台阶、柱、梁、幕墙及玻璃顶棚等;又如2020第三期的"地铁站入口",同时考查了墙体(包括幕墙)、楼板、台阶、屋顶等。这类题目虽有一定的综合性,但拆解来看对每类构件的考查都相对简单,属于容易得分的题目。

3.7.1 考点分析

这类型的考题涉及的构件类型较多,除了前文已经介绍过的各类构件外,常考构件还有:

(1)柱。考查柱子的创建及编辑等,初级考试"结构柱"不涉及受力分析,考查内容比较简单。

(2)梁。考查梁的创建及编辑等,初级考试"梁"不涉及受力分析,考查内容比较简单。

(3)台阶。考查台阶的创建。

3.7.2 实操讲解

1. 柱的创建及编辑

Revit软件中有"建筑柱"和"结构柱"两种不同柱体,"结构柱"主要是作为受力构件之用,可用于结构受力分析;而"建筑柱"可以围绕在"结构柱"之外形成外围模型,并将其用于装饰应用。当然,建筑柱也可以独立创建。两者的很多属性是相同的。

(1)"建筑柱"的绘制及编辑。单击"建筑"选项卡下"柱"的下拉三角形,选择"柱—建筑",自动进入"修改/放置柱"上下文选项卡,在属性栏的类型选择器中选择合适的柱类型,若类型选择器中没有想要的类型,可通过"载入族"的方式从外部族文件中寻找目标。然后对选项栏的参数进行设置,如图3-7-1所示,就可以绘制柱子了。"建筑柱"的绘制很简单,在平面图中定位到合适的坐标(一般借助于轴网或参照线/面确定),单击以放置即可。

□放置后旋转	高度: ∨	标高2 ∨	4000.0	☑房间边界

图 3-7-1

选中绘制的"建筑柱",可编辑的实例属性主要是"限制条件",如图3-7-2所示。可编辑的类型属性主要有"材质""尺寸标注"等,如图3-7-3所示。

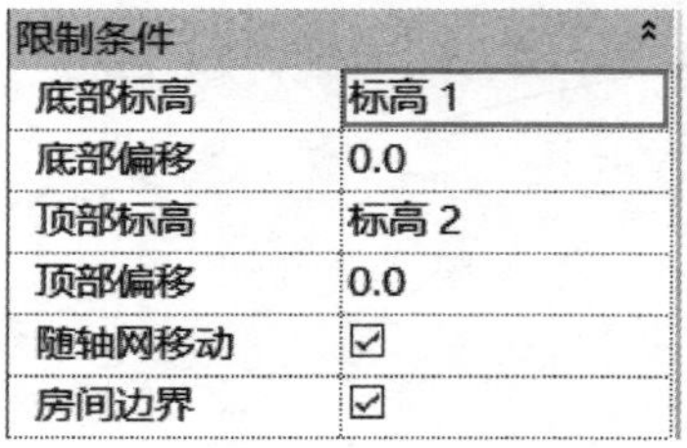

限制条件	≈
底部标高	标高1
底部偏移	0.0
顶部标高	标高2
顶部偏移	0.0
随轴网移动	☑
房间边界	☑

图 3-7-2

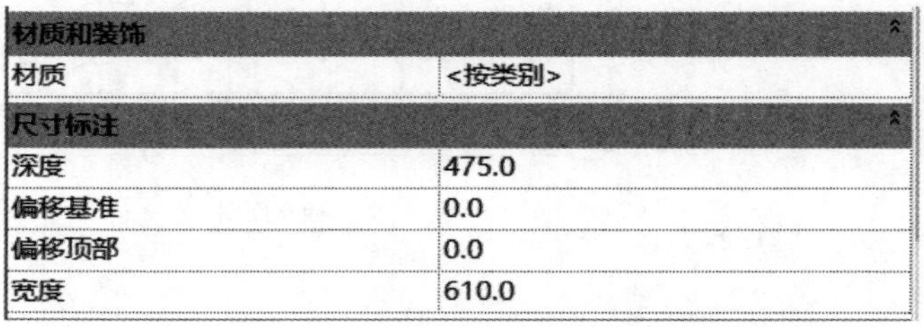

材质和装饰	≈
材质	<按类别>
尺寸标注	≈
深度	475.0
偏移基准	0.0
偏移顶部	0.0
宽度	610.0

图 3-7-3

(2)"结构柱"的绘制及编辑。"结构柱"在绘制方法上相比"建筑柱"更灵活多样些,它不仅能绘制垂直的柱体,还可以绘制倾斜的柱体,并且可以通过"在轴网处"或

"在（建筑）柱处"一次性绘制多个柱，如图 3-7-4 所示。

图 3-7-4

下面举例介绍"在轴网处"创建多个柱：事先创建轴网，例如图 3-7-5 所示；进入"结构柱"命令，在如图 3-7-4 所示的选项卡中选择"在轴网处"命令；鼠标移到轴网附近，从右下方往左上方框选轴网，如图 3-7-6 所示，所框范围的轴网交点处自动创建柱，单击 ✔ 完成，则创建了如图 3-7-7 所示的柱体。

提示：这里的"框选轴网"遵从 Revit 中的选择原则：自左上向右下框选时，全部在选框里的实例才能被选中；而自右下向左上框选时，部分在选框里的实例就能被选中。只有选中的轴线之间的交点才能创建柱体。

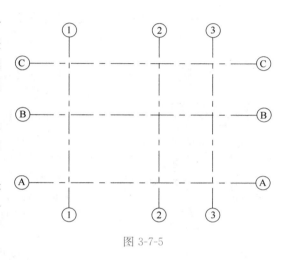

图 3-7-5

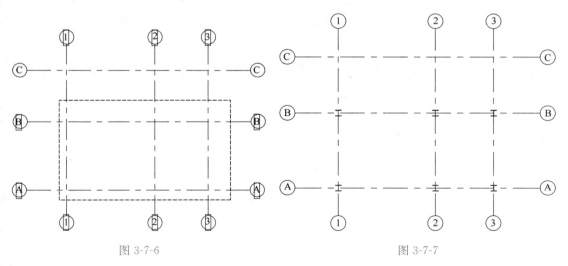

图 3-7-6　　　　　　　　　图 3-7-7

"结构柱"的编辑与"建筑柱"大体一致，在此不再赘述。

2. 梁的创建及编辑

（1）梁的绘制

"梁"属于结构构件，在"结构"选项卡下单击"梁"命令，自动弹出"修改/放置梁"上下文选项卡，如图3-7-8所示。首先，在属性栏的类型选择器中选择合适的梁类型（若没有，则可以从外部族库中载入），例如，"矩形梁—混凝土"，然后设置"限制条件"等参数，如图3-7-9所示。

图 3-7-8

图 3-7-9

提示：梁在初级考试中的要求比较简单，一般在实例属性中会设置"限制条件"和"材质"即可。

下面即可进入绘制步骤，通过图3-7-8可以看出，绘制梁的方式有"画线（拾取线）"和"'在轴网上'绘制多个"两种方式：

1）画线（拾取线），是指在绘图区域单击起点和终点（或其他必要的点）以绘制梁，绘制时可根据需要在选项栏勾选"三维捕捉"和"链"以方便作图，如图3-7-10所示。

2）"在轴网上"绘制多个，是指通过拾取轴网创建梁，梁长由所在轴网上的最大柱距决定。例如，如图3-7-11所示的轴网和柱子，绘制梁时，选择"在轴网上"命令，按住 Ctrl 键分别拾取②轴和Ⓑ轴，则自动添加了如图3-7-12所示的梁，单击✔完成即可完成绘制。

图 3-7-10

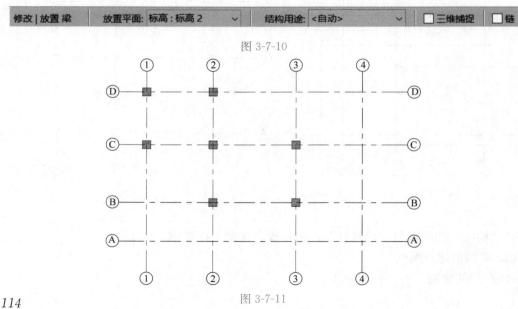

图 3-7-11

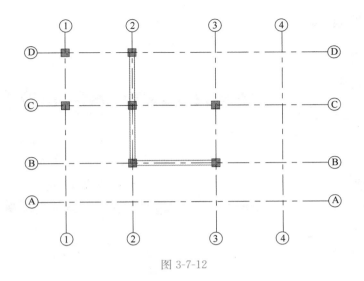

图 3-7-12

提示：所绘出的梁在相应平面图中不可见，可通过更改"视图范围"的设置进行处理，如图 3-7-13 所示。

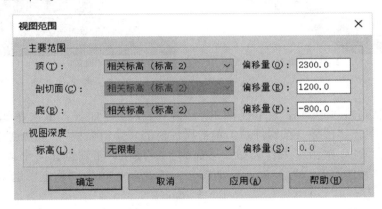

图 3-7-13

若在绘制梁时需要同时对梁作标记，则可在"修改/放置 梁"上下文选项卡中选择"在放置时进行标记"。

（2）梁的编辑

梁绘制完成之后，可编辑的实例属性主要有"限制条件""材质和装饰"等，如图 3-7-14 所示，注意，"参照标高""工作平面"等参数不能修改。可编辑的类型属性主要有"尺寸标注"等，用于控制梁的断面形状，不同的梁类型对应的"尺寸标注"参数不尽相同，如图 3-7-15 所示。

3. 台阶的创建

Revit 软件中没有单独的"台阶"命令，一般可用下列几种方法创建：

（1）楼梯。台阶与楼梯有很多相似之处，只不过楼梯的斜段部分一般是斜板，但台阶的斜段部分是"实体"，如图 3-7-16 所示。不过只要是有平台的台阶，都可以借助平台厚度的设置达到台阶的效果。

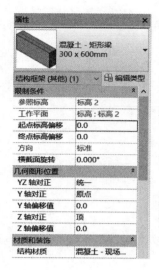

图 3-7-14

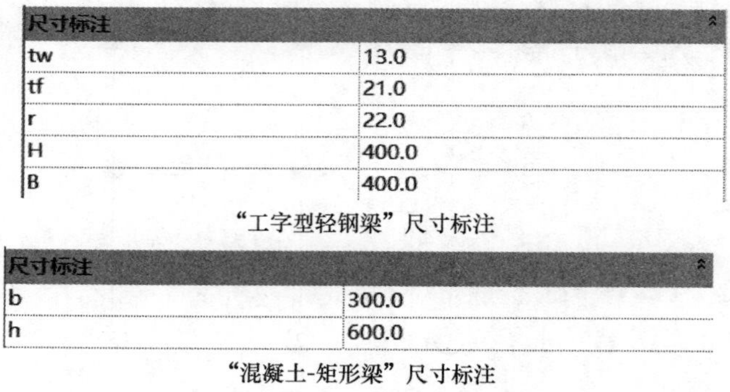

尺寸标注	
tw	13.0
tf	21.0
r	22.0
H	400.0
B	400.0

"工字型轻钢梁"尺寸标注

尺寸标注	
b	300.0
h	600.0

"混凝土-矩形梁"尺寸标注

图 3-7-15

楼梯立面　　　　　　　　　　台阶立面

图 3-7-16

例如，绘制高度 450mm，3 个踢面的台阶，操作过程如下：依次单击"建筑"—"楼梯"下拉菜单—"楼梯（按构件）"，单击属性栏的"编辑类型"，重新创建一个楼梯类型，命名为"台阶"，单击"平台类型"后面的扩展按钮，重新创建一个 450mm 的平台类型，设置其"整体厚度"为 450mm，如图 3-7-17 所示，单击"确定"退出平台的类型

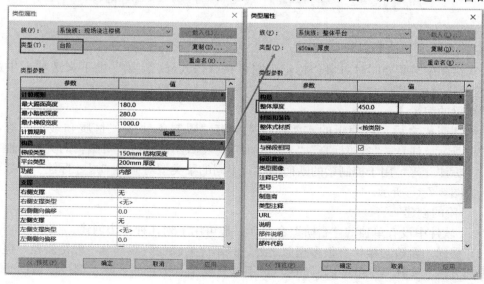

图 3-7-17

属性窗口，再单击"确定"退出"类型属性"窗口。在属性栏设置楼梯高度为 450mm，踢面数为 3，如图 3-7-18 所示。鼠标移动到绘图区域，绘制梯段，然后单击"平台"—"创建草图"，绘制一个矩形平台，如图 3-7-19 所示。单击 ✔ 完成平台绘制，再单击 ✔ 完成楼梯绘制。最终完成的三维效果如图 3-7-20 所示。

（2）楼板边缘。需要有楼板边缘的轮廓族，否则需要自建轮廓族。

（3）楼板叠加，可参考本教材"第 4 部分 综合建模"中相关内容。

（4）内建模型或"族"，可参考本教材"经典考题分析"中的相关内容。

限制条件	⌃
底部标高	标高 1
底部偏移	0.0
顶部标高	标高 1
顶部偏移	450.0
所需的楼梯高度	450.0
多层顶部标高	无
结构	⌃
钢筋保护层	钢筋保护层 1…
尺寸标注	⌃
所需踢面数	3
实际踢面数	1
实际踢面高度	150.0
实际踏板深度	280.0
踏板/踢面起始…	1

图 3-7-18

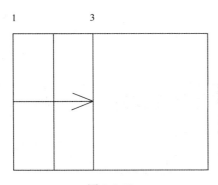

图 3-7-19

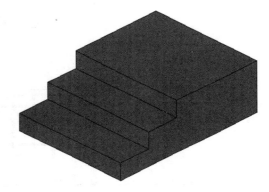

图 3-7-20

3.7.3 经典考题分析

【例题 3-7-1】（2019 年第二期第二题）按图 3-7-21 要求建立钢结构雨篷模型（包括标高、轴网、楼板、台阶、钢柱、钢梁、幕墙及玻璃顶棚），尺寸、外观与图示一致，幕墙和玻璃雨篷表示网格划分即可，见节点详图，钢结构除图中标注外均为 GL2 矩形钢，图中未注明尺寸自定义，将建好的模型以"钢结构雨篷＋考生姓名"为文件名保存至考生文件夹中。

【分析】本题同时考查了楼梯、平台、坡道以及栏杆扶手的绘制，涵盖内容比较多，但并不复杂，如果能够正确识图，并准确定义各类构件尺寸，则题目可迎刃而解。

【解答】第一步，新建项目。以"建筑样板"为样板，新建项目。

第二步，创建标高。由于样板文件中的标高设置刚好吻合题目要求，可不用更改，只需修改标高名称分别为"F1""F2"。

第三步，创建轴网。按照题图尺寸创建轴网，并修改其类型参数如图 3-7-22 所示。

第四步，绘制楼板。进入"楼板"命令，选择"常规—150mm"的楼板类型，绘制如图 3-7-23 所示的楼板边界，并设置实例参数"标高"为"F1"，单击 ✔ 完成编辑。

第五步，绘制台阶和平台。本题采用内建模型的方式绘制台阶和平台，由于台阶宽度与平台不同，所以分别绘制。首先绘制台阶，在"建筑"选项卡下单击"构件"下拉按

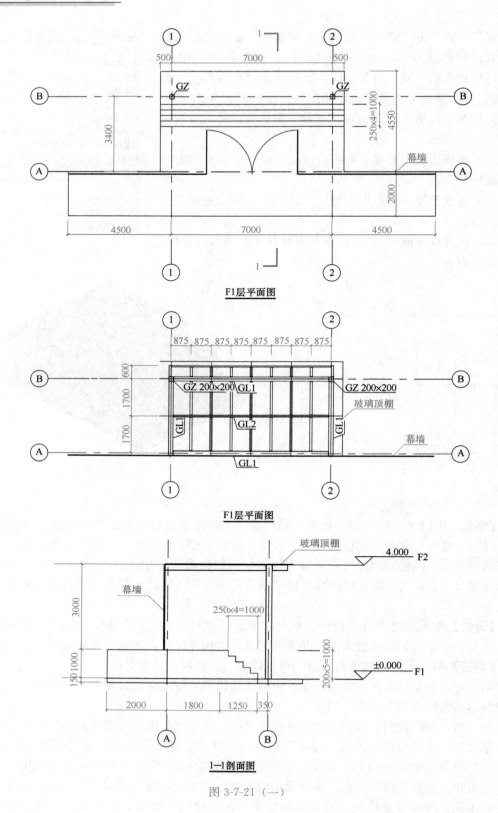

F1层平面图

F1层平面图

1—1剖面图

图 3-7-21（一）

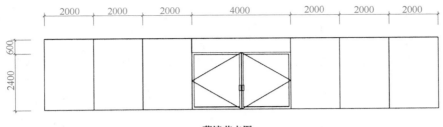

幕墙节点图

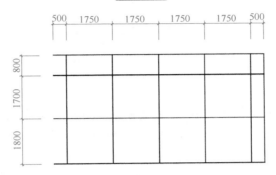

玻璃顶棚节点图

标记	尺寸	类型
GZ	200×200×5	方形钢
GL1	200×200×5	方形钢
GL2	200×100×5	矩形钢

柱、梁构件表

图 3-7-21（二）

参数	值
图形	∧
符号	符号_单圈轴号 : 宽度系数 0.65
轴线中段	连续
轴线末段宽度	1
轴线末段颜色	■ 黑色
轴线末段填充图案	轴网线
平面视图轴号端点 1 (默认)	☑
平面视图轴号端点 2 (默认)	☑
非平面视图符号(默认)	底

图 3-7-22

钮，在下拉菜单中选择"内建模型"，如图 3-7-24 所示，在弹出的"族类别和族参数"对话框中选择"常规模型"，单击"确定"，修改"名称"为"台阶"，如图 3-7-25 所示，单击"确定"。

选择"拉伸"命令，单击"工作平面"面板的"设置"按钮，如图 3-7-26 所示，在弹出的对话框中选择"拾取一个平面"，如图 3-7-27 所示，单击"确定"后拾取轴网②，在弹出的"转到视图"对话框中选择"立面：东"，如图 3-7-28 所示，单击"打开视图"，在跳转

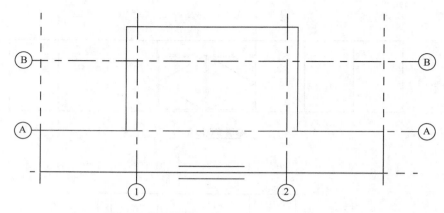

图 3-7-23

到的视图中绘制如图 3-7-29 所示的草图，单击 ✔ 完成编辑。此时切换到 F1 平面视图，拖拽"台阶"两端的控制柄至图 3-7-30 所示位置，单击 ✔ 完成模型，台阶即创建完毕。

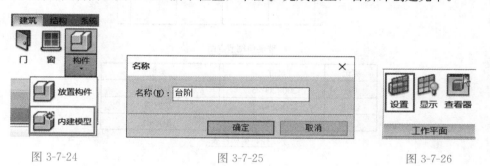

图 3-7-24　　　　　　　　　图 3-7-25　　　　　　　　　图 3-7-26

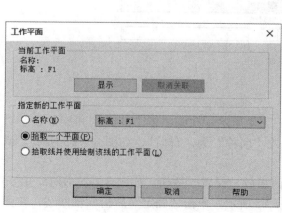

图 3-7-27

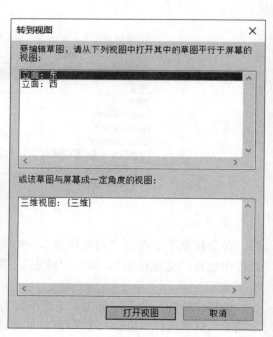

图 3-7-28

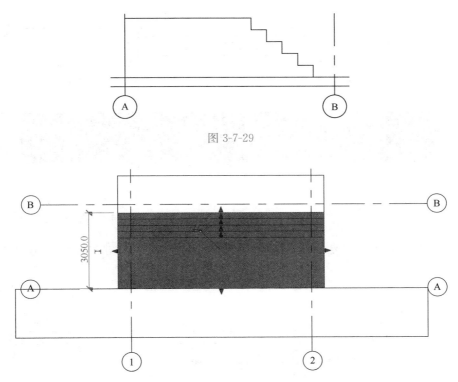

图 3-7-29

图 3-7-30

接着绘制平台，同样用"内建模型"中的"拉伸"命令创建，"名称"修改为"平台"，前面的其他操作步骤同台阶，在跳转到的东立面图中绘制如图 3-7-31 所示的草图，单击✔完成编辑，切换到 F1 平面视图，拖拽"平台"两端的控制柄至如图 3-7-32 所示位置（与楼板边平齐），单击✔完成模型，平台即创建完毕。

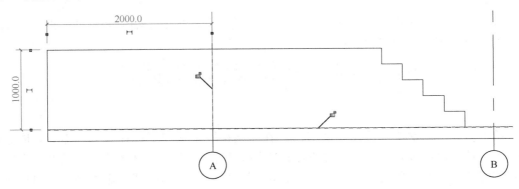

图 3-7-31

第六步，绘制钢柱。进入"结构柱"命令，类型选择器并无方形钢，此时单击"编辑类型"调出"类型属性"窗口，单击"载入"按钮，在族文件夹下依次打开"结构"—"柱"—"轻型钢"文件夹，选择"冷弯空心型钢—方形柱"族，单击"打开"，在弹出的"指定类型"窗口中选择"F200×5.0"，如图 3-7-33 所示，单击"确定"。此时回到了

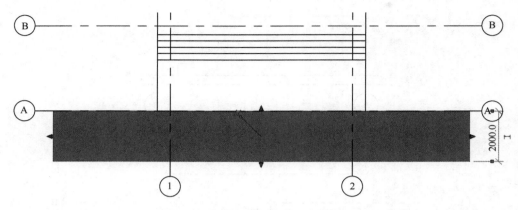

图 3-7-32

"类型属性"窗口，单击"复制"，修改柱类型名称为"GZ"，单击"确定"退出"类型属性"窗口。

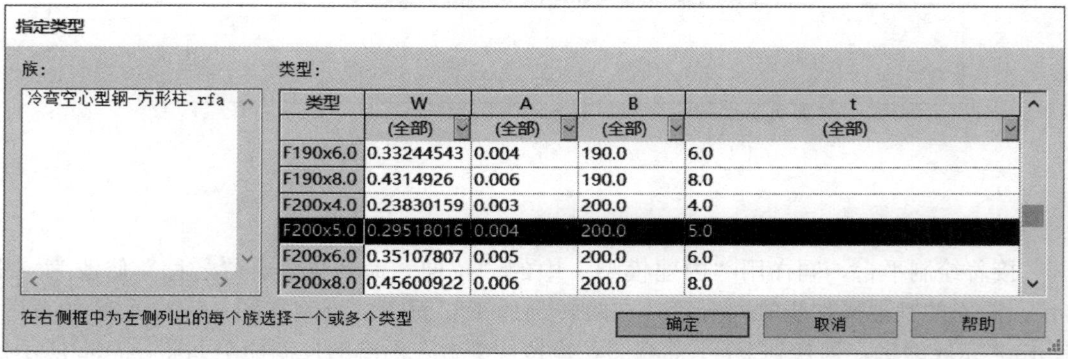

图 3-7-33

在选项栏中，按图 3-7-34 所示切换选项，然后分别拾取①轴与Ⓑ轴的交点、②轴与Ⓑ轴的交点放置柱，即完成了钢柱绘制。

图 3-7-34

第七步，绘制钢梁。首先绘制 GL1，在"结构"选项卡下选择"梁"命令，同钢柱一样，需从项目外载入族，在族文件夹下依次打开"结构"—"框架"—"轻型钢"文件夹，选择"冷弯空心型钢—方形"族，单击"打开"，在弹出的"指定类型"窗口中选择"F200×5.0"，如图 3-7-35 所示，单击"确定"。此时回到了"类型属性"窗口，单击"复制"，修改梁类型名称为"GL1"，单击"确定"退出"类型属性"窗口。

切换到 F2 平面，在选项栏中，切换"放置平面"选项为"标高：F2"，用画"直线"的方式，分别在①轴、②轴、Ⓐ轴、Ⓑ轴的相应位置绘制 GL1，如图 3-7-36 所示。

继续绘制 GL2，绘制前同样需要外部族的载入，GL2 所属族的位置与 GL1 相同，在上述文件夹下选择"冷弯空心型钢-矩形"族，单击"打开"，在弹出的"指定类型"窗口

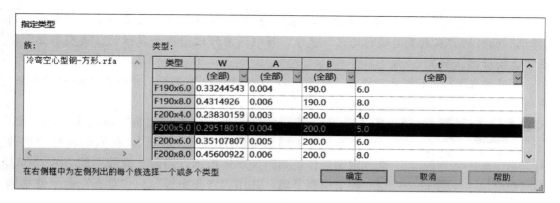

图 3-7-35

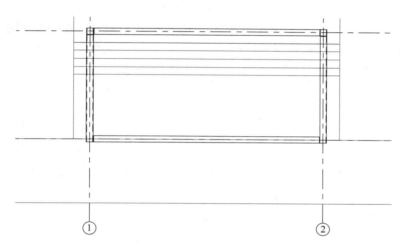

图 3-7-36

中选择"J200×100×5.0"，单击"确定"。此时回到了"类型属性"窗口，单击"复制"，修改梁类型名称为"GL2"，单击"确定"退出"类型属性"窗口。

同样用画"直线"的方式，绘制 GL2，如图 3-7-37 所示。

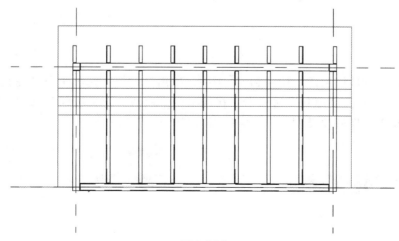

图 3-7-37

提示：①本题未要求对梁进行标记，在"修改/放置梁"上下文选项卡下可单击取消"标记"面板的"在放置时进行标记"选项，否则还应修改梁类型属性的"类型标记"参数才能使标记正确。

②若梁在 F2 中不可见，可在"视图范围"中调整相关设置，并调整"视图控制栏"中的"详细程度"为"中等"或"精细"，以达到可见效果。

限制条件	
底部限制条件	F1
底部偏移	1000.0
已附着底部	
顶部约束	直到标高: F2
无连接高度	3000.0
顶部偏移	0.0

图 3-7-38

第八步，绘制幕墙。单击"建筑"选项卡下的"墙"命令，在类型选择器中选择"幕墙"，在实例属性中修改限制条件，如图 3-7-38 所示。用画"直线"的方式，在Ⓐ轴上绘制幕墙，并用"修改面板"的"对齐"命令使幕墙上边线与Ⓐ轴平齐。

切换到北立面视图，单击"建筑"选项卡下的"幕墙网格"命令，创建如图 3-7-39 所示的幕墙网格；选中门位置所对应的嵌板，把它替换成"门嵌板-双开门 3"（需从项目外载入，本题对具体门嵌板样式没作要求，只需与题图相似即可），如图 3-7-40 所示。

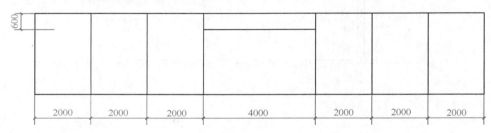

图 3-7-39

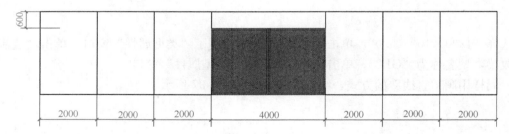

图 3-7-40

第九步，绘制玻璃顶棚。切换到 F2 平面，单击"建筑"选项卡下"屋顶"命令，自动进入"修改/创建迹线屋顶"选项卡，在选项栏中取消"定义坡度"，如图 3-7-41 所示，在类型选择器中切换屋顶类型为"玻璃斜窗"，如图 3-7-42 所示。

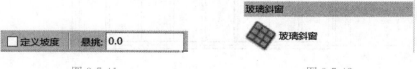

图 3-7-41   图 3-7-42

绘制屋顶边界线如图 3-7-43 所示，单击✔完成编辑。单击"建筑"选项卡下的"幕墙网格"命令，创建如图 3-7-44 所示的网格。玻璃顶棚绘制完成。

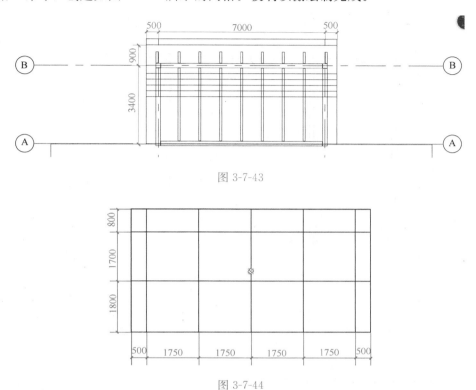

图 3-7-43

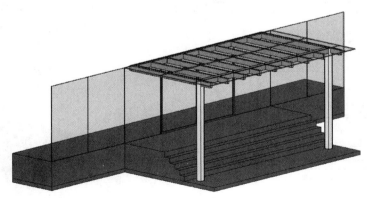

图 3-7-44

至此，该钢结构雨篷模型全部建立完毕，三维效果图如图 3-7-45 所示。

图 3-7-45

第十步，保存项目。以"钢结构雨篷＋考生姓名"命名项目，并保存至考生文件夹中。

【练习】（2020 第三期第二题）按要求建立地铁站入口模型，包括墙体（幕墙）、楼板、台阶、屋顶，尺寸外观与图 3-7-46 所示一致，幕墙需表示网格划分，竖梃直径为50mm，屋顶边缘见节点详图，图中未注明尺寸自定义，请将模型以文件名"地铁站入口＋

考生姓名"保存至文件夹中。

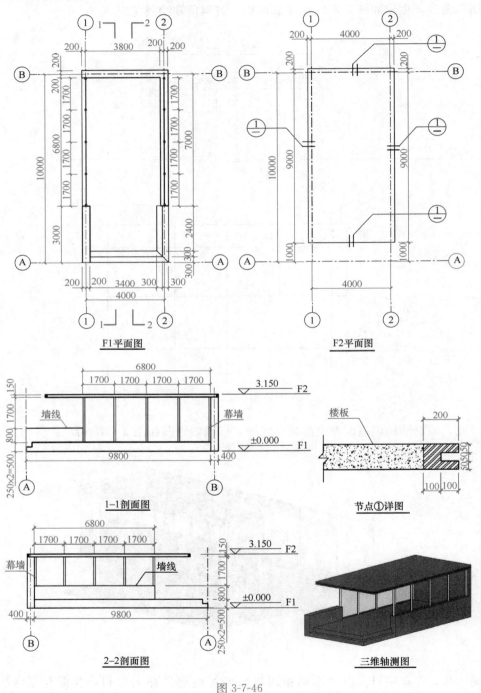

图 3-7-46

4 综 合 建 模

综合建模题是一道二选一的题目，需要考生从两道题型中任选一道进行绘制，分值40分。考查题型一是综合性比较强的建筑模型，除了基本的墙、门窗、楼梯，还需要绘制坡道、台阶栏杆，甚至对输出成果、明细表等都有考查。题型二主要考查机电专业建模能力，会涉及简单建筑建模。本教材综合题围绕题型一展开讲解。

根据题型一的大纲要求，归纳总结9套考试题目的考点得知：建立模型内容（如：墙体、楼梯、门窗等绘制）仅占24分左右，还有16分左右并不是建模内容，如明细表、渲染、图纸输出等，因此这16分也就成为综合题的保底得分。将综合题考核知识点进行串联，以得分点为基础讲解本部分内容，目的是让考生理清答题思路，掌握操作技巧。

4.1 考点分析

根据考试大纲，综合模型涉及的考点主要有以下几点，部分考点在局部建模、族、体量也会考查。

1. 标高、轴网的创建方法。

2. 建筑构件创建方法，如建筑柱、墙体及幕墙、门、窗、楼板、屋顶、天花板、楼梯、栏杆、扶手、台阶、坡道等。

3. 结构构件创建方法，如基础、结构柱、梁、结构墙、结构板等。

4. 实体属性定义与参数设置方法。

5. 实体编辑方法，如移动、复制、旋转、偏移、阵列、镜像、删除、创建组、草图编辑等。

6. 掌握在BIM模型生成平、立、剖、三维视图的方法。

7. BIM标记、标注与注释。包括标记创建与编辑方法，标注类型及其标注样式的设置方法，注释类型及其注释样式的设定方法。

4.2 答题技巧

综合题答题主要的是得分，所以需要一定的答题技巧，辅助得分。根据考核的知识点，归纳出针对综合题的答题技巧。答题技巧的总结主要遵循以下几个原则：①操作简单，先绘制；②分值高，操作简单的先绘制；③遵循建模的逻辑，避免绘制过多的辅助线；④操作复杂，分值拆分得取。考生应对多套真题作总结、分析，才能掌握答题技巧。

提示：以下是答题建议，仅供参考。

按四部分采分，总时长大约1.5小时：

1）10分钟获得4分左右。用建筑样板新建项目，按规定命名；项目环境设置；创建门窗明细表。

2）40～50 分钟获得 16 分左右。依次为：主要构件参数设置（墙体、楼板、柱、屋顶）；标高、轴网；柱、楼梯（注意宽度）；楼板、屋顶、台阶。

3）30～40 分钟获得 12 分。依次为：外墙、内墙、洞口、外门窗、内门窗、扶手及其他构件；如果创建门窗的时间来不及，只需保证门窗参数及尺寸正确，不必过分在意样式。墙和门窗所花时间较长，可放到最后，根据剩余时间合理分配。

4）10 分钟获得 8 分。导出图纸并按要求命名，输出渲染成果。

4.3 知识点讲解

本章的讲解顺序，是根据考核知识点以及答题技巧来确定的。分别为三个部分：项目基本设置、参数化建模、成果输出。项目基本设置对应答题建议的第 1）部分，分值 4 分左右。参数化建模对应答题技巧的第 2）部分、第 3）部分，并且将得分较高的第二部分前移绘制，分值大致在 28 左右。成果输出对应答题技巧的第 4）部分，分值在 8 分左右。其中项目基本设置、成果输出这 12 分左右的分值，以及模型建立中主要构件的参数设置（5 分左右），总计 16～17 分是综合题中操作简单且不费时的得分点，但考试时又容易忽视。建议此题花费时间控制在 1.5 小时左右。

本部分内容以"'1+X'BIM（初级）试考真题"综合建模题（见本教材 4.3.4 综合建模题示例）为主，其他综合题图纸为辅进行讲解。

4.3.1 项目基本设置

把 Revit 创建及保存项目、项目信息、明细表三部分内容，归纳为项目基本设置，并且放在考试的第一步操作，主要的目的是：这部分内容上手不仅简单并且不费时，通常 10 分钟左右就可绘制完成，分值约 4～5 分。

1. Revit 创建及保存项目

1）新建项目（方法 1）：单击【应用程序】，在打开的对话框中选择"新建"，再点击"项目"，如图 4-3-1 所示。通过"浏览"选择合适的项目样板，"1+X"BIM（初级）考试中选择"建筑样板"，如图 4-3-2 所示。确认为新建项目，单击"确定"完成"建筑样板"项目的创建，如图 4-3-3 所示。

2）新建项目（方法 2）：选择打开"建筑样板"，如图 4-3-4 所示。

提示：Revit 新建项目必须使用项目样板，Revit 系统自带四个样板，分别是：构造样板、建筑样板、结构样板、机械样板。除了使用 Revit 自带的样板，还可以使用自己创建的样板。Revit 系统自带的四个样板的区别在于：预设载入的族类型不同、视图的设置不同、系统及出

图 4-3-1

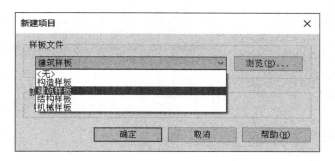

图 4-3-2

图 4-3-3

图 4-3-4

图的设置等。根据 1＋X 初级考试综合题知识点考核，使用建筑样板需要调整"项目样板"内容最少。

3) 保存项目：完成项目创建后单击【应用程序】，选择"另存为"，点击"项目"，如图 4-3-5 所示，或者直接单击快速访问栏中的"保存"按钮，如图 4-3-6 所示。选择保存路径，确认文件名称"×××＋考生姓名"及文件类型（为".rvt"），单击"保存"完成项目的保存，如图 4-3-7 所示。

提示：Revit 项目样板格式为".rte"，项目文件为".rvt"。

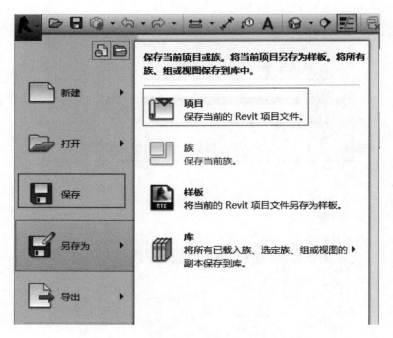

图 4-3-5

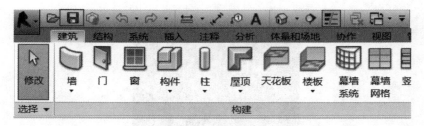

图 4-3-6

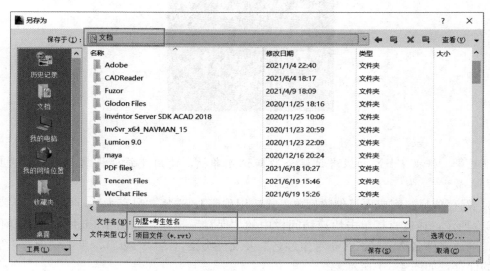

图 4-3-7

2. 项目信息

进入项目建模界面后，选择"管理"选项卡，再点击"项目信息"，如图 4-3-8 所示。进入"项目信息"对话框后，修改考试要求内容。根据综合题题目要求，将项目发布日期直接修改为"2019 年 9 月 20 日"，项目编号直接修改为"2019001-1"，如图 4-3-9 所示。

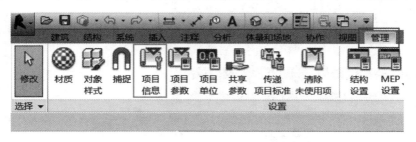

图 4-3-8

图 4-3-9

提示：项目信息的修改要根据题目要求修改，常考的是：项目发布日期、项目地址、项目名称、项目编号。项目地址的修改需要将加载符号"▦"点开，再修改内容文字，如图 4-3-10 所示。

3. 明细表

通过 Revit 明细表视图可以统计出项目各类图元，生成相对应的明细表。在"1+X"初级考试中，重点考核明细表的创建，通常为门、窗明细表的创建，例如：门、窗图元的高度、宽度、设置的底标高、合计等。从得分分析，明细表考核一般 2～3 分。这部分分

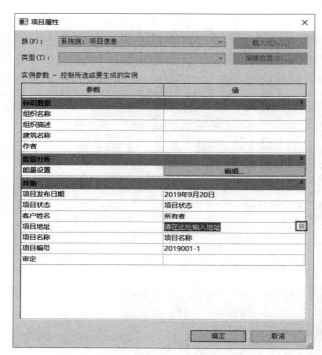

图 4-3-10

值与绘制门窗的分值是分开的，即使考试来不及绘制门窗，只要设置的明细表正确，这部分分值就可得到。该部分操作过程如下：

（1）进行考试题目分析。依据考核内容，参考综合题图纸、题目要求创建门窗表，要求包含类型标记、宽度、高度、底高度、合计，并计算总量。即只需创建门、窗明细表。下面来创建综合题图纸所需的门、窗明细表视图。

提示："1＋X"初级考试时，明细表一般只会涉及门、窗图元明细表，其他图元的明细表操作类似。

（2）找到门/窗明细表设置对话框。单击"视图"选项卡，在"创建"面板中选择"明细表"，"明细表"下拉选择"明细表/数量"，如图 4-3-11 所示。在弹出的"新建明细表"对话框中，"类别"列表中选择"门或窗"，这一选择也说明该明细表即将统计项目中门对象类别的图元信息。默认的明细表名称为"门（窗）明细表"，考试中根据题目要求看是否需要修改，综合题图纸并没有要求这部分内容，即可不设置。点击"确定"进入下一步，如图 4-3-12 所示。

（3）进行门/窗明细表"字段"设置。在弹出的"明细表属性"对话框中按照题目要求进行设置，对于明细表字段依次选择，分别是类型标记、宽度、高度、底高度、合计字段。当对话框左边列表中的"可用字段"，出现在右边时，即选择成功，如图 4-3-13 所示。

图 4-3-11

1）如何使右边字段成功添加到左边呢？有两种方式：①左键

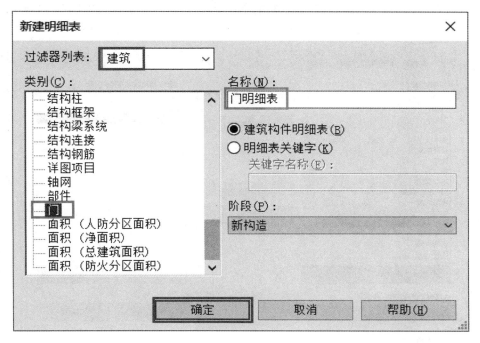

图 4-3-12

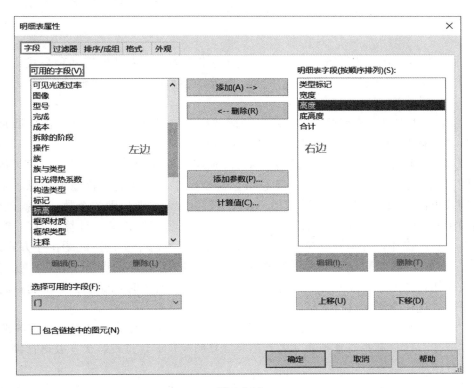

图 4-3-13

选中需要的字段，双击即可；②选中需要的字段，再单击"添加"，如图 4-3-14 所示。

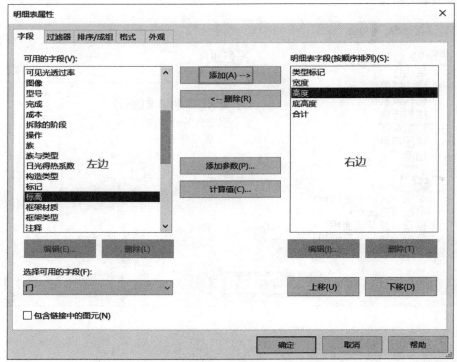

图 4-3-14

2）如果右边的字段选择错误，如何使右边的字段删除到左边？有两种方式：①选中需要删除的字段，双击即可；②键选中需要删除的字段，再单击"删除"，如图 4-3-15 所示。

3）如果左边字段没有按照题目要求的顺序选择，怎样调整顺序？选择需要调整的字段，通过"上移""下移"进行调整，如图 4-3-16 所示。

（4）根据题目要求进行门/窗明细表"排序/成组"设置。选择"排序/成组"，依据综合建模题图纸要求，进行合计，并计算总量。这步操作需要准确理解题干意思，此题的是：分别求出门（M1、M2、M3）或窗（C1、C2、C3）类别分别的个数，也就是合计。然后将门中的 M1、M2、M3 进行汇总或窗中的 C1、C2、C3 汇总，计算所有门/窗的总量。会涉及三步操作，分别是排序方式、总计、逐项列举每个实例。此题排序方式选择：类型标记。总计"打勾"即可。逐项列举每个实例"取勾"。最后点击"确定"就完成此题明细表操作，如图 4-3-17 所示。在进行"排序/成组"设置时，要学会分析题目的考查意图，下面通过三个提示进行解析。

提示：① 排序方式的选择，题干有时会明确，如果题干有明确要求，仅需按照题干意思操作即可。往往有些题目排序方式并不会直接明确，如试考题，但一般选择按"类型标记"进行排序。

② 总计的选择，一般看题目是否要求"并计算总量"，如有这条要求就需要把"总计"进行"打勾"。

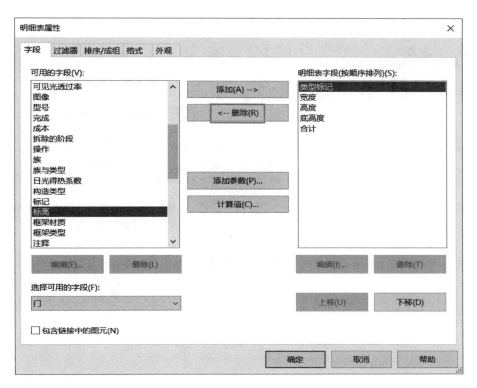

图 4-3-15

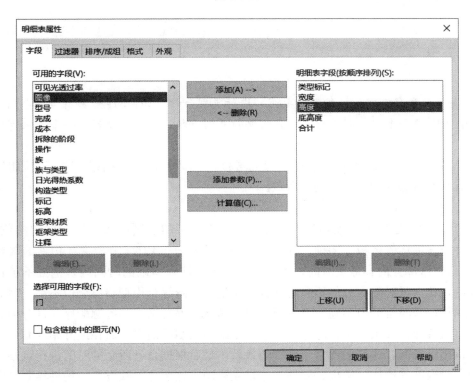

图 4-3-16

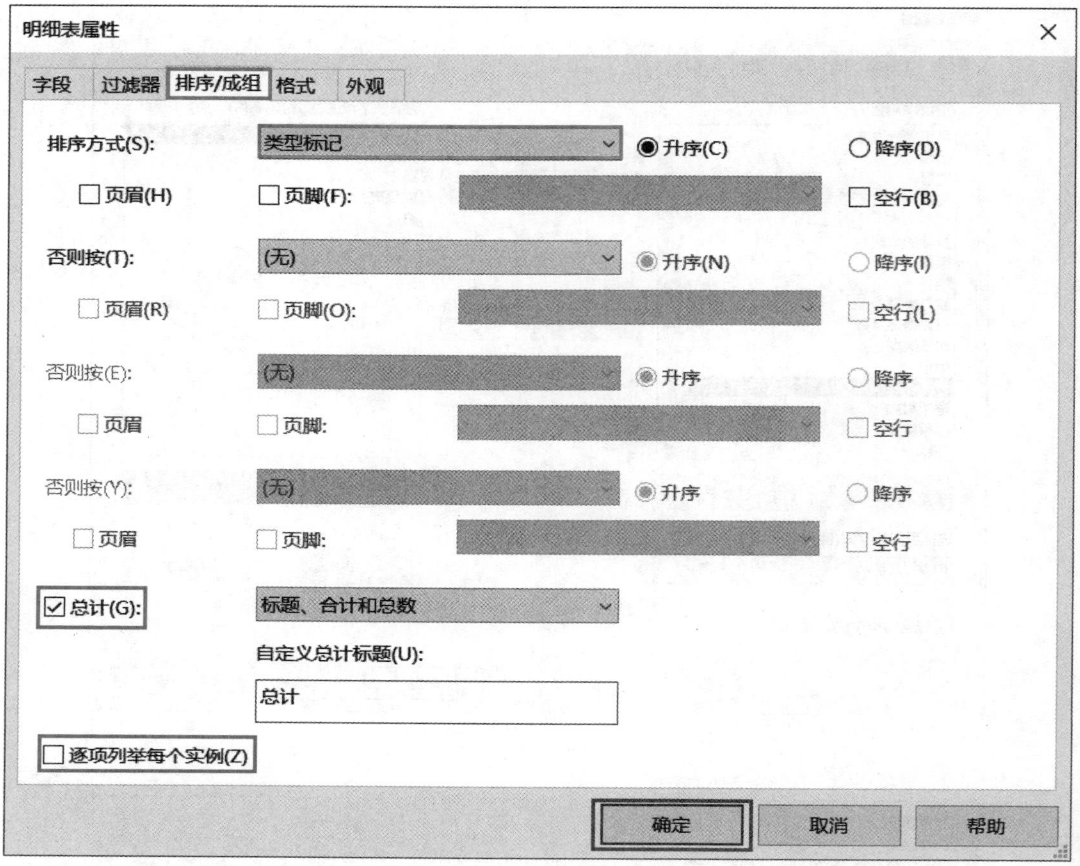

图 4-3-17

③ 逐项列举每个实例，按题干要求，进行类别合计。如：M1 一共有多少个门，这时就不要把 M1 的每个门都列举出来，只需要归并到一起，所以逐项列举每个实例需要"取勾"。

（5）"1+X"BIM（初级）对明细表的考核，主要集中在"字段""排序/成组"这两方面，有些题目会对"格式"进行考核。

4.3.2 参数化建模

Revit 参数化建模主要包含两大部分内容：①模型的绘制；②主要构件的参数设置，主要构件包含墙体、楼板、屋顶、柱等。模型的绘制分值约 24 分，主要构件的参数设置约 5～6 分。这部分内容最费时间，考试时，学生往往在有限的时间内，把握不了自己的答题节奏，花大量时间在分值不高的部分，而最终导致综合模型整体分值不高。例如门窗位置的调整，费时且分值不高。下面根据以往考试情况总结一些答题顺序，部分内容可灵活调整。需要保持几条原则：①标高和轴网是绘制模型的前提，需在最开始绘制；②门窗位置调整比较费时，建议放置整个绘制的最后，最后根据自己所剩的时间进行调整；③含参数的主要构件（墙体、楼板、屋顶、柱）先绘制，这部分参数设置与构件绘制分值是分开的，即绘制主要构件，可以同时得两部分的分值，分值较高。

1. 标高轴网

Revit 中需先绘制标高，后绘制轴网。标高需在立面图或剖面图中绘制，轴网需在平面图中绘制。

（1）标高的绘制。绘制综合题的标高时，需要注意以下几点：①标高的标头，一般综合题考查的是中国标头，含上标头 ▽标高 名称、正负零标头 ▽±0.000 名称、下标头 △标高 名称，Revit 自带的建筑样板，正好是需要的中国标头；②绘制标高时注意标高的名称及标高值的修改；③绘制标高可用直接绘制标高及复制（阵列）标高两种方式。以上也是标高的常考内容，实际工程可能会涉及标高标头修改，这里就不详细展开。

1）进入立面视图。在"项目浏览器"中，将"立面"视图通过点击"⊞"展开，展开后有东、南、西、北四个立面。随意选择一个方向进入立面视图，如图 4-3-18 所示。

图 4-3-18

提示：Revit 具有联动性，具有"一处改，处处改"的优势，即东、南、西、北四个方向随意选择，无论在哪个方向绘制标高，其余方向都会随之变动。

2）修改建筑样板默认的两条标高线的标高名称及标高值。首先修改标高名称，方法 1：鼠标双击绘图区域的"标高 1"，将文字修改为"首层"，修改完成后会弹出"是否希望重命名相应视图"（如图 4-3-19 所示），点击"是"，不仅完成绘制区域标高 1 名称的修改，还完成了"视图"名称的修改，如图 4-3-20 所示。方法 2：单击在"项目浏览器"中的"楼层平面"下的"标高 1"，然后右键"重命名"，将其重命名为"首层"，后续同方法 1。同样的方法可以将"标高 2"的标高名称修改为"二层"。然后进行标高值的修改，"首层"标高为 0.000 标高，不需修改，按如图 4-3-21 所示将"二层"标高"4"修改为"3.6"，注意此处标高的单位为"m"。

提示：① 进入立面视图后，建筑样板文件默认有两条标高信息，分别是标高 1 和标高 2，它们之间的距离为 4m，如图 4-3-22 所示。

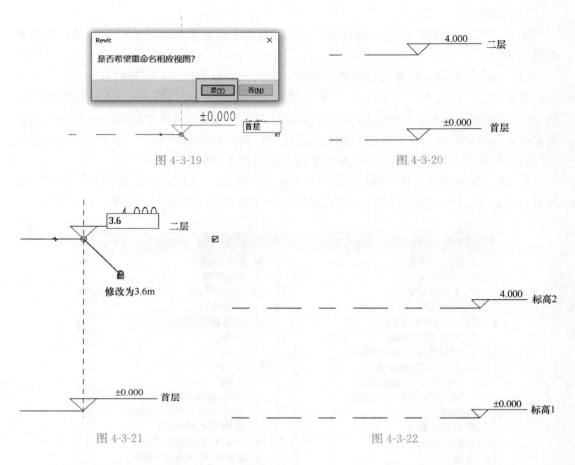

图 4-3-19

图 4-3-20

图 4-3-21

图 4-3-22

② 在弹出的"是否希望重命名相应视图"，点击"否"，名称修改仅会修改当前标高，并不会修改"视图"名称，如图 4-3-23 所示。此知识点通常在选择题中进行考核。

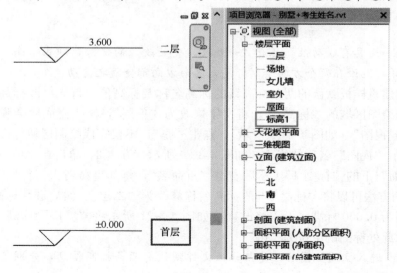

图 4-3-23

3）完成其他标高的绘制。Revit 提供了多种标高的绘制方式，不仅可以直接利用"标高"工具直接绘制，还可通过"修改"选项卡中的"复制""阵列"等功能进行绘制。

在"建筑"选项卡下，选择"基准"面板的"标高"工具，将进入标高的绘制，如图 4-3-24 所示。自动转至"修改/放置标高"选项卡，选择"直线"绘制方式，确认选项栏中已勾选"创建平面视图"，设置偏移量为"0"，如图 4-3-25 所示。

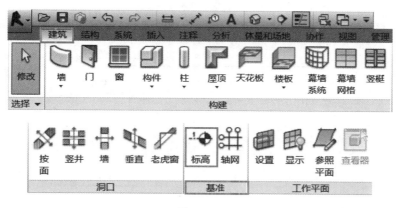

图 4-3-24

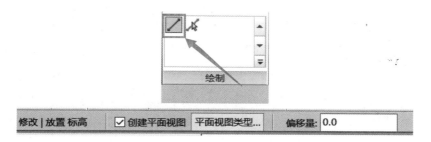

图 4-3-25

进入"屋面""女儿墙"标高线绘制。通过前述方法，进入标高的绘制，移动鼠标至"二层"标高线左端点为起点，然后垂直移动鼠标至"二层"标高线上方，出现"延伸"线，可按左键作为标高线的起点，往右移动鼠标，直到再次在"二层"标高线右端出现延长线，可按左键作为标高线的终点，如图 4-3-26 所示。同样的方法，在"二层"标高线上方再绘制一根标高线，然后按照前述方法对新建标高线的标高名称及标高值的修改，分别将两根标高线的名称改为：屋面、女儿墙，将"屋面"标高的标高值修改为"6.9"，将"女儿墙"标高的标高值修改为"7.7"，完成如图 4-3-27 所示效果。

进行"室外"负标高线绘制。通过前述方法，进入标高的绘制，EL"属性"下拉左键选择"下标头"，如图 4-3-28 所示。完成后移动鼠标绘图区域，移动鼠标至"首层"标高线左端点为起点，然后垂直移动鼠标至"首层"标高线下方，出现"延伸"线，可按左键作为标高线的起点，往右移动鼠标，直到再次在"首层"标高线右端出现延长线，可按左键作为标高线的终点，然后按照前述方法对新建标高线的标高名称及标高值的修改，将标高线的名称修改为"室外"，标高值修改为"－0.3"完成如图 4-3-29 所示效果。

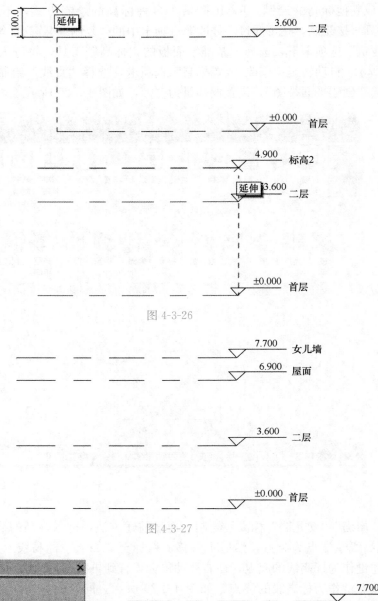

图 4-3-26

图 4-3-27

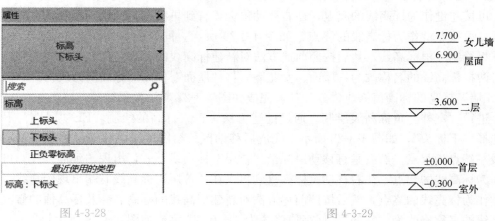

图 4-3-28   图 4-3-29

提示：① 通过利用"标高"工具直接绘制，在"项目浏览器""视图"中，会自动创建对应的平面视图，如图4-3-30所示。

② Revit 标高名称具有继承性，如前一条标高线名称为 F1，再绘制的标高线的名称即为 F2，依此类推。轴网名称也具有继承性，且 Revit 中不允许出现重复的名称。

"1＋X"BIM（初级）考试中综合模型通常是 2～3 层，利用阵列工具绘制标高会比较麻烦，在局部建模、族、体量建模中可能用到，可参考本教材"第 2 部分 2.2 体量"一节的例题，下面仅从复制的方式讲解标高的画法：

"屋面""女儿墙"正标高线绘制。鼠标左键选择二层标高线，然后点击"复制（快捷键 CO）"功能。将"约束""多个"勾选，向二层上方点击两下复制两根标高线，再按照前述方法修改标高线的标高名称及标高值。如图 4-3-31～图 4-3-33 所示。

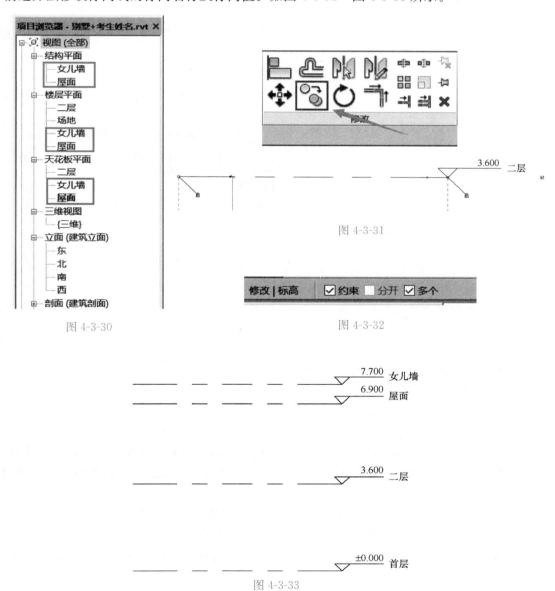

图 4-3-30

图 4-3-31

图 4-3-32

图 4-3-33

"室外"负标高线绘制。鼠标左键选择首层标高线，点击复制，首层标高往下复制一根标高线，再按照前述方法修改标高线的标高名称及标高值。完成后左键选择室外标高线，"属性"下拉左键选择"下标头"，如图4-3-34所示。

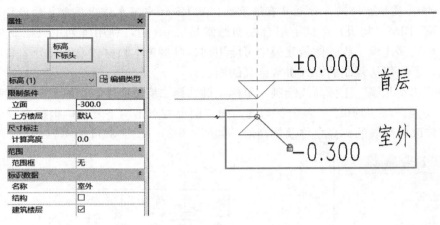

图4-3-34

增加楼层平面视图。通过"复制"或者"阵列"绘制的标高，并不会自动生成相应的平面视图，如图4-3-35所示。而考试模型会用到楼层平面视图，因此需要手动添加楼层平面视图。选择"视图"，进入"平面视图"，下拉选择"楼层平面"，没有创建楼层平面的标高就会显示在"新建楼层平面"的对话框中，按住"Ctrl＋鼠标左键"全选，点击确定即可创建缺少的楼层平面视图，如图4-3-36所示。

提示：复制时"约束"功能是：勾选时能够保证复制的方向为正交；不勾选时复制可以是任意方向。复制时"多个"功能是：勾选时能够连续复制；不勾选时每次只能复制一次，复制两个标高线就要点两次复制，复制多个标高线就要点多次复制。绘制轴网时会常用到这样的两个功能。

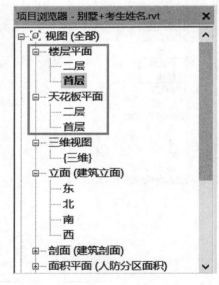

图4-3-35

（2）轴网的绘制。绘制综合题的轴网时，需要注意常考的几个点：①绘制轴网的方式：直接绘制轴网及复制（阵列）的方式绘制轴网，一般到复制（阵列）绘制轴网方式较为常用；②轴网的轴头显示设置；③轴网的影响范围需要调整。

进入楼层平面视图。在"项目浏览器"中，将"楼层平面"视图通过点击"⊞"展开，展开后有所有标高线的楼层平面视图，原则上可随意选择任意一个楼层平面，为了后期绘制方便建议选择"首层"楼层平面视图，双击"首层"即可进入"首层"楼层平面，如图4-3-37所示。

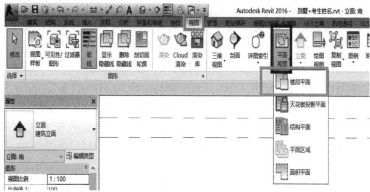

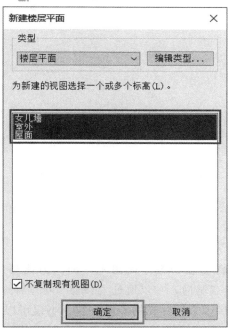

图 4-3-36

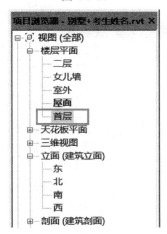

图 4-3-37

提示：Revit 平面视图有：楼层平面视图、天花板平面视图、结构平面视图。天花板平面视图可以简单看成是当前标高从下往上看剖面图。而楼层平面视图（建筑图元）、结构平面视图（结构图元）可以看成是当前标高从上向下看的剖面图。在 1＋X 考试中，综合模型主要考核的还是建筑，所以绘制时仅需楼层平面视图。

选择轴网的绘图区域。进入"首层"楼层平面，在绘图区域有四个图元，分别代表的是 Revit 东、南、西、北四个图元的方向。如果四个方向图元并不在绘图区域中间，可单击鼠标"右键""左键"选择"缩放匹配"，方向图元即可显示正在绘图区域中间，如图 4-3-38所示。轴网必须绘制在四个图元中间。

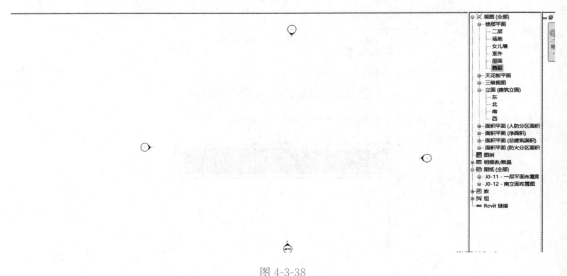

图 4-3-38

提示：Revit 绘制模型需要在四个方向图元中间，因此轴网必须绘制在四个图元中间。如果图元的范围不够绘制轴网，可以通过"移动"功能将方向图元移开。

Revit 为轴网的绘制提供了多种标高的绘制方式，不仅可以直接利用"轴线"工具直接绘制，还可通过"修改"选项卡中的"复制""阵列"等功能进行绘制，一般绘制需要两种方式结合。

图 4-3-39

1）利用"轴线"工具直接绘制。在选项卡中选择"建筑"，在"基准"面板中选择工具"轴网"，如图 4-3-39所示。在"修改/放置轴网"选项卡中提供了直接绘制（直线、弧线）和拾取绘制轴网两种方式，如图 4-3-40 所示。绘制时在四个方向图元右下角找到"适合（只要轴网全部绘制完后，全部轴网线都在方向图元中间）"位置作为起点，同时在"属性"栏中确认轴网的族类型为"轴网 6.5mm 编号间隙"，如图 4-3-41所示。移动绘制轴线沿垂直方向延伸，沿垂直方向移动鼠标指针左上角位置时，完成第一条轴线的绘制，该轴线编号默认为"1"，如图 4-3-42 所示。

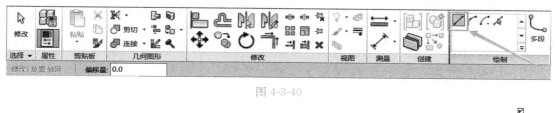

图 4-3-40

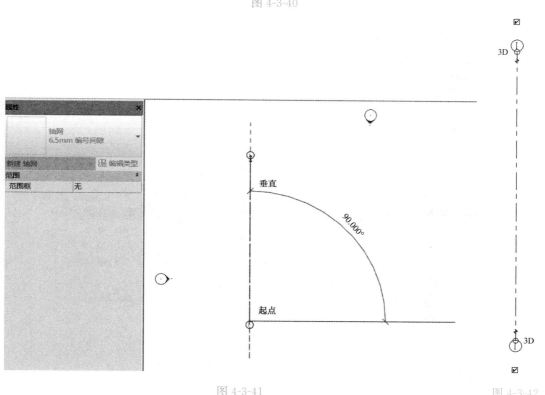

图 4-3-41　　　　　　　　　　　　　　　　　　　　　　　　图 4-3-42

　　2）利用"复制""阵列"等功能绘制②～⑦号轴网。观察综合题图纸轴网，轴网间距并不是等距的，利用"阵列"并不合适。所以此题选择"复制"功能进行讲述。单击选择此前绘制的①号轴线，选择完成后，会自动弹出"修改"栏，在"修改"工具中左键选择"复制"功能（"复制"快捷键"CO"），将"复制"功能中的"多个""约束"勾选，如图 4-3-43 所示。左键单击①号轴线任意位置，从左往右拉（距离拉远点，保证足够输入①～⑦号轴所有的间距），保持复制方向水平（因 Revit 文字具有继承性，选择先将②～⑦号轴网进行绘制，随后再绘制⑫、⑮号轴网），输入"2800"并且按"Enter"，就会出现第②号轴线，紧接着输入"2900"按 Enter 键，会出现第③号轴线，依次按照图纸间距绘制完成④～⑦号轴线，如图 4-3-44 所示。

　　提示：绘制标高或轴线时，确定起点后按住 Shift 键，Revit 将进入正交绘制模式，可以约束在水平或垂直方向绘制。

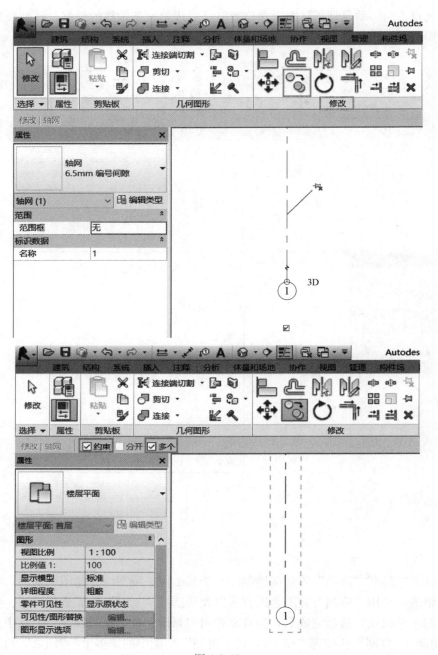

图 4-3-43

3）利用"复制"功能绘制⑫、⑮、Ⓐ～Ⓓ号轴网，并修改轴网的轴头"文字"显示。首先绘制竖向⑫、⑮号轴网，左键选中①号轴线，选择"复制"功能，单击①号轴线任意位置，从左往右拉，保持水平，输入距离"4050"，按照 Revit 文字的继承性会出现⑧号轴网，如图 4-3-45 所示。双击⑧号文字，将⑧号轴网修改为⑫号轴网，以 Enter 键结束或者左键任意点击空白区域结束，如图 4-3-46 所示。水平轴网绘制同竖向轴网，注意绘制完成第一根水平轴网，需将轴号文字修改为"A"，再进行"复制"。

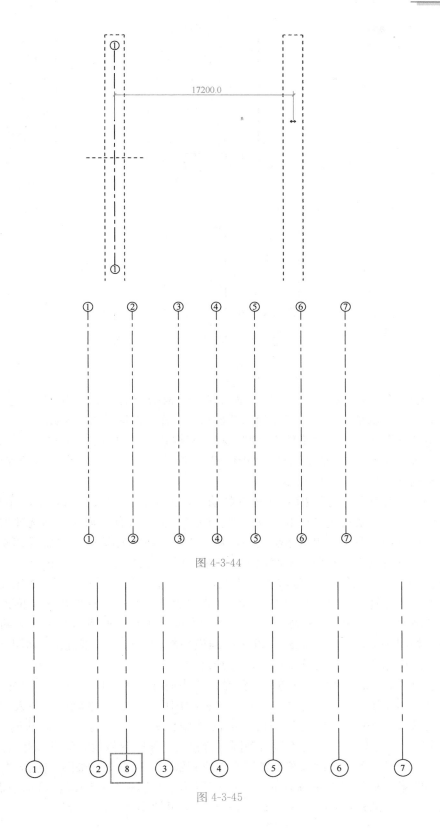

图 4-3-44

图 4-3-45

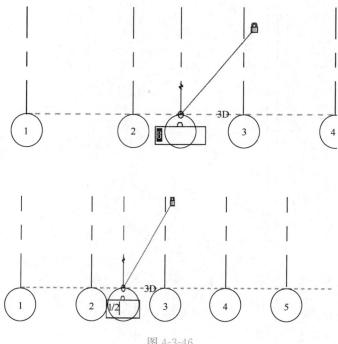

图 4-3-46

4)修改轴网中除"文字"外的其他轴头显示。根据图纸，②、③、⑤、⑥、⑫、⑮号轴网只有一半显示轴头。需要修改为图纸显示的一样，左键单击②号线，将不需要显示轴头的一端"锁"解开，左键拖住空心圆，将轴网拉到ⓒ号轴网。然后选中②号轴网，将不要显示轴头一端的"☑"取消勾选，如图 4-3-47 所示。同理其余轴头显示修改也同上叙述，最终轴网显示如图 4-3-48 所示。

5)影响范围的调整。虽然 Revit 具有联动性，但是轴网轴头显示调整，并不会随之变化到其他楼层，需要通过"影响范围"进行调整。全中所有的轴网（框选即可），会在工具栏中，出现影响范围，单击影响范围，弹出"影响基准范围"，勾选需要影响的楼层，点击确定。考试时仅需选择楼层平面视图，其余可以不选择，如图 4-3-49 所示。

6)轴网标注。这部分内容考试可以灵活选择（考虑分值与时间是不是成正比），标注时可以先大致标注轴网，目的是检查轴网的间距是否正确，避免后期出现轴网绘制错误，导致模型从新修改。"注释"选项卡中，选择"对齐"工具，选择需要标注的两个轴网，即可标注，如图 4-3-50 所示。此题并没有明确说明轴网的标注，即此部分不占分值，所以可以简单进行标注，最终标注如图 4-3-51 所示。

7)锁定轴网。锁定轴网的目的是避免操作不小心导致的轴网移动，不占分值，所以可以根据自己的操作习惯灵活选择。在首层平面视图中，框选全部轴网，进入"修改/轴网"上下文选项卡中的"修改"面板。单击锁定图标"🔒"将所选中轴网锁定，如图 4-3-52所示。锁定轴网后，将不能对轴网进行移动、删除等修改，但可以修改轴号名称及轴号位置等信息。若要删除或移动轴网必须将其解锁，选中全部轴网，点击"修改"面板上的解锁图案"🔓"进行解锁，如图 4-3-53 所示。若解锁某条轴线，可选中需要解锁的轴线点击轴线上的锁定符号"🔒"（图 4-3-54），即可切换至解锁"🔓"状态。

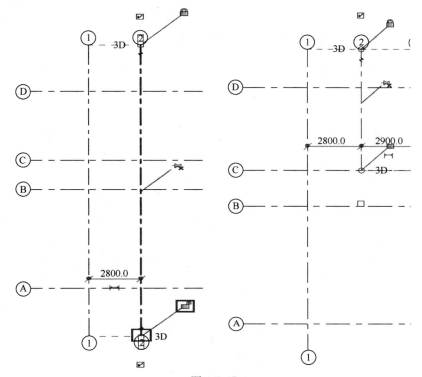

图 4-3-47

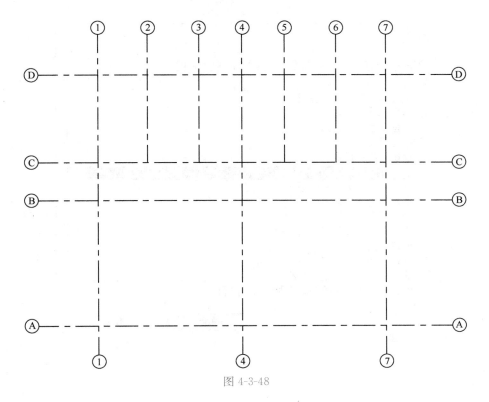

图 4-3-48

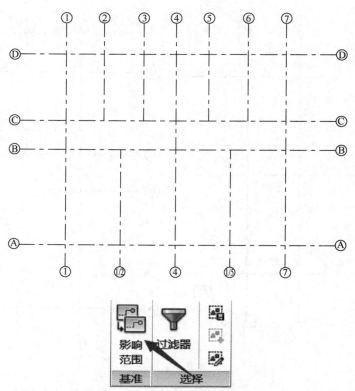

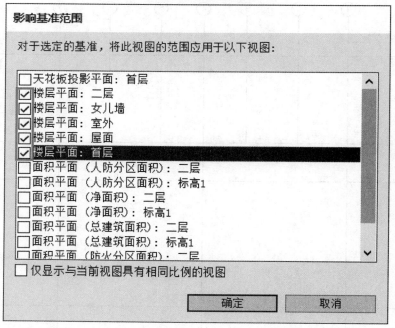

图 4-3-49

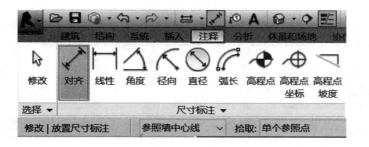

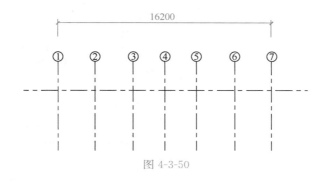

图 4-3-50

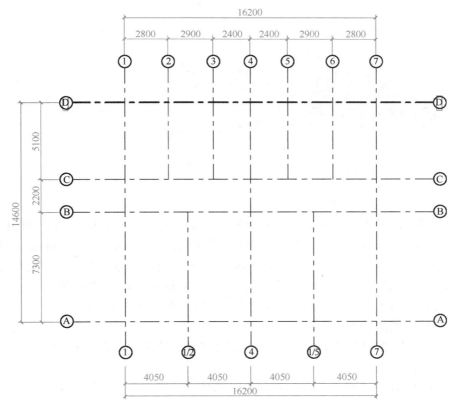

图 4-3-51

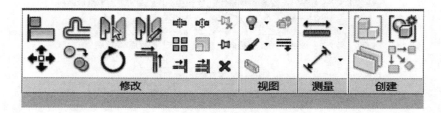

图 4-3-52

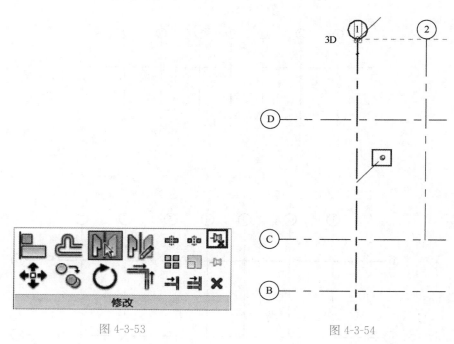

图 4-3-53

图 4-3-54

2. 外、内、女儿墙墙体

综合题外、内墙体考核知识点：①墙体参数的设置，含：名称、功能、材质、厚度。②墙体的绘制，含：墙体的高度设置、墙体的平面位置设置、墙体材质的显示。同时，这部分内容中墙体的参数设置以及墙体的绘制分值是分开的。③将一层墙体复制到二层，并且根据图纸，将二层墙体进行修改。④墙体附着至楼板/屋顶。当然墙体考查的内容还有很多，具体可以参考"第3部分 局部建模"的墙体讲解，不再重复讲述。

（1）墙体参数的设置。

1）依次单击"建筑""墙"，在列表中选择"墙：建筑"工具，进入建筑墙体的"修改/放置墙"界面。

2）单击"属性"面板的下拉，在列表中选择"常规－200mm"基本墙，如图 4-3-55 所示。

3）单击"属性"面板的"编辑类型"按钮，进入"类型属性"对话框。单击"复制"按钮，在"名称"对话框中输入"外墙240"后单击确定，如图 4-3-56 所示。

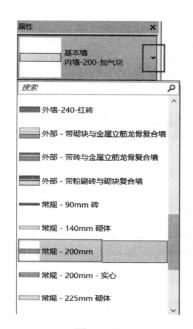

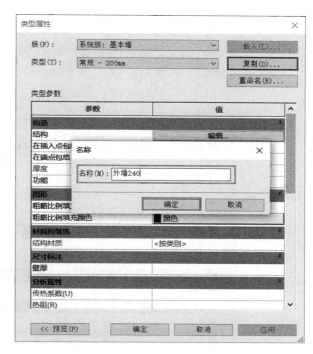

图 4-3-55   图 4-3-56

提示：在 Revit 中，族名称、族类型名称、属性和类型属性均为建筑信息模型的"信息/参数"，因此考试时族名称命名需按照图纸命名。

4）在"类型属性"对话框中，看"功能"参数是否为"外部"。单击"结构"参数后的"编辑"按钮，进入"编辑部件"对话框，如图 4-3-57 所示。

5）设置此题"外墙 240"材质、厚度。题目外墙体分为三层，分别是：10 厚防砖涂料（外装饰）、220 厚加气混凝土（结构层）、10 厚白色涂料（内装饰）。功能设置仅需按照题意选择就可，Revit 功能分为：结构、衬底、保温层/空气层、面层 1、面层 2。厚度输入对应厚度数字即可，单位是"mm"。材质的设置有一般有两个思路：①通过"复制"将其他材质，修改名称为图纸要求名称；②通过"新建"建立所需材质。

外墙体参数设置步骤如下：

① 220 厚加气混凝土结构层的设置：单击结构层的"材质"一列 <按类别> ▦ 按钮，把材质设置为加气混凝土，厚度直接输入为 220。

② 10 厚白色涂料层的设置：鼠标指向下面的核心边界层并选中，单击"插入"按钮，此时在其上添加一层，把该层的功能、材质、厚度依次设置为"面层 2""白色涂料""10"。

③ 10 厚防砖涂料的设置：鼠标指向下面的核心边界层并选中，单击"插入"按钮，此时在其上添加一层，点击"向下"按钮把该层移动到下一行，接着把该层的功能、材质、厚度依次设置为"面层 1""防砖涂料""10"。

④ 功能、材质、厚度设置完成之后，如图 4-3-58 所示。点击"确定"退出"编辑部件"，再点击"确定"退出"类型属性"。

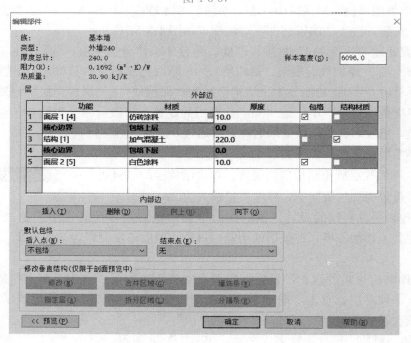

图 4-3-57

图 4-3-58

6）按照上述步骤设置内墙体，内墙体名称设置为"内墙200"，在"类型属性"对话框中，看"功能"参数是否为"内部"，题目内墙体分为三层：10 厚白色涂料（装饰层）、180 厚混凝土砌块（结构层）、10 厚白色涂料（装饰层）。

内墙体参数设置步骤如下：

① 180 厚混凝土砌块结构层的设置：单击结构层的"材质"一列 <按类别> 　▭ 按钮，把材质设置为混凝土砌块，厚度直接输入为180。

② 10 厚白色涂料层的设置：鼠标指向下面的核心边界层并选中，单击"插入"按钮，此时在其上添加一层，把该层的功能、材质、厚度依次设置为"面层2""白色涂料""10"。

③ 10 厚白色涂料的设置：鼠标指向下面的核心边界层并选中，单击"插入"按钮，此时在其上添加一层，点击"向下"按钮把该层移动到下一行，接着把该层的功能、材质、厚度依次设置为"面层1""白色涂料""10"。

④ 功能、材质、厚度设置完成之后，如图 4-3-59 所示。点击"确定"退出"编辑部件"，再点击"确定"退出"类型属性"。

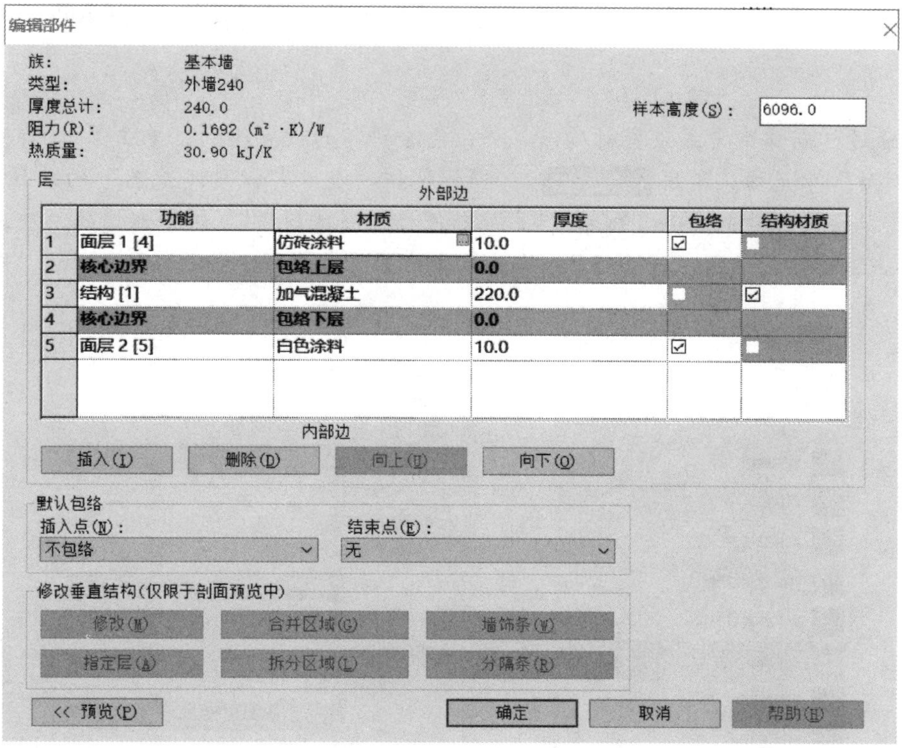

图 4-3-59

提示：① 通过"复制"方式设置材质，以"防砖涂料"的设置为例。单击第三行"面层2"右侧"材质"单元格，单击 <按类别> 　▭ 按钮，进入"材质浏览器"的默认对话框，在搜索栏输入"砖"，在搜索结果中选择"瓷砖，机制"，单击鼠标右键选择"复制"，将其重命名为"防砖涂料"，如图 4-3-60 所示。

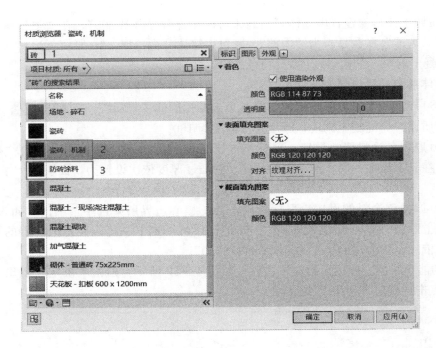

图 4-3-60

② 通过"新建"方式设置材质,以"白色涂料"的设置为例。单击第三行"面层 1"右侧"材质"单元格,单击 <按类别> 按钮,进入"材质浏览器"的默认对话框,在右下角单击选择"创建并复制材质",然后选择"新建材质",选择新建的"默认为新材质",单击鼠标右键选择"重命名",将其重命名为"白色涂料",如图 4-3-61、图 4-3-62

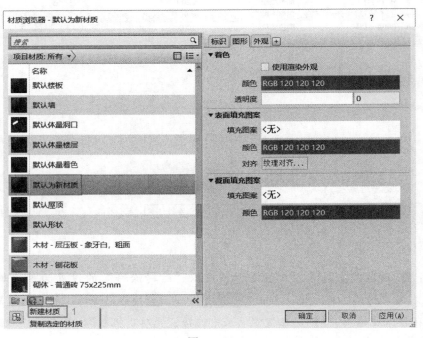

图 4-3-61

所示。再次选中刚重命名的"白色涂料"，单击"打开/关闭资源浏览器"，在弹出的"资源浏览器"中搜索栏输入"白色"，将鼠标左键放置符合题意要求的"类别"特征为"墙漆"的白色材质即可，然后左键单击通过"使用此资源替换编辑器中的当前资源"进行替换资源，关闭"资源浏览器"，点击确定就可完成"白色涂料"的新建，如图 4-3-63所示。

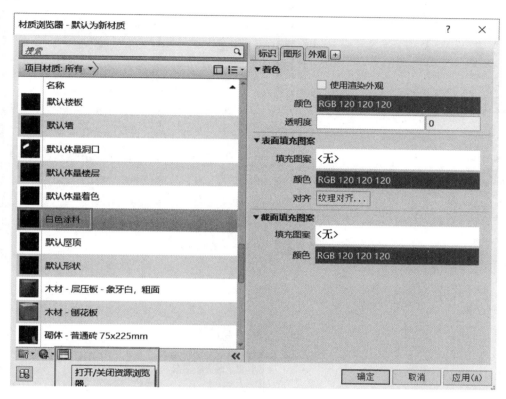

图 4-3-62

（2）绘制首层外墙

确定当前视图为首层楼层平面视图，确认界面处于"修改/放置墙"状态，设置"绘制"面板中的绘制方式"直线 "。

设置选项栏中的墙"高度"为"二层"；设置墙"定位线"为"面层面：内部"；勾选"链"，将连续绘制墙；设置"偏移量"为"0"。

提示：Revit 提供了 5 种墙定位方式，结合图 4-3-64 对照理解 5 种定位线的区别，便于实际工程中或考试中灵活选用。同时 Revit 墙体有内外之分，这五种定位方式，对应墙体是顺时针绘制。

将鼠标移至绘图区域，鼠标指针变为绘制状态。通过鼠标滚轴缩放视图至适当比例，将鼠标指针放至Ⓐ轴与①轴交点进行捕捉，当交点变为蓝色线条，单击鼠标左键，作为首层外墙的起点，沿①轴向上连续"顺时针"绘制，依次经过交点：Ⓓ轴与①轴、Ⓓ轴与⑦轴、Ⓐ轴与⑦轴交点，最后回到Ⓐ轴与①轴交点，完成首层外墙体绘制，按键盘 Esc 键 2次，退出墙绘制模式，如图 4-3-65 所示。

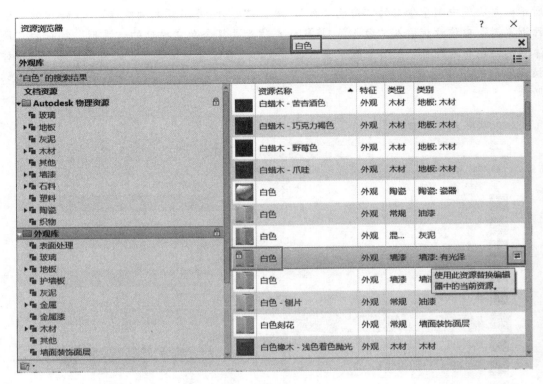

图 4-3-63

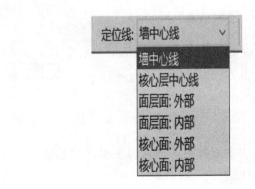

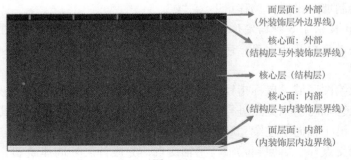

图 4-3-64

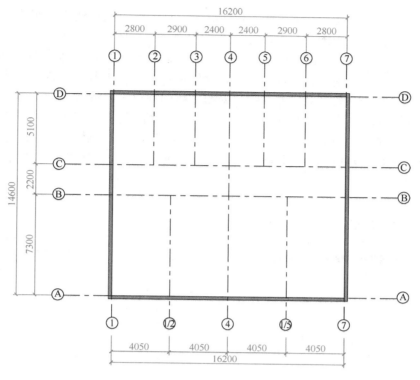

图 4-3-65

提示：单个图元控制完成后，单击键盘 Esc 键 1 次，退出当前操作步骤，但仍停留在当前命令；若按键盘 Esc 键 2 次，即退出当前命令。

（3）绘制首层内墙

1）确定当前视图为首层楼层平面视图，确认界面处于"修改/放置墙"状态，设置"绘制"面板中的绘制方式"直线 "。

2）设置选项栏中的墙"高度"为"二层"；设置墙"定位线"为"墙体中心线"；勾选"链"，将连续绘制墙；设置"偏移量"为"0"。

3）将鼠标指针移至ⓒ轴与②轴交点处，单击鼠标左键，向上拉直鼠标指针至ⓓ轴与②轴交点处。

4）绘制其他处首层墙体，注意以下几点：

① ①轴、⑦轴与Ⓑ轴墙体绘制时"定位线"选择不是"墙体中心线"，可选择为"面层面内部"，以①轴与Ⓑ轴交点作为起点，⑦轴与Ⓑ轴交点为终点。

② 电气间中间隔墙（横墙）没有具体尺寸可以随意定义，考试时出现此类标注不明确信息时，不会设置扣分点。纵墙中心线离⑤轴 1300，绘制时墙"高度"为"二层"，设置墙"定位线"为"墙体中心线"；勾选"链"，将连续绘制墙；设置"偏移量"为"−1300"，以ⓒ轴与⑤轴交点为起点，沿着⑤轴向上拉墙体至合适位置（题目没有明确标注位置）。

绘制ⓒ轴交②～③轴的 DK1221，鼠标单击该段墙体，使得界面处于"修改/墙"状

图 4-3-66

态，出现编辑轮廓功能，如图 4-3-66 所示。点击模式中的编辑轮廓，在弹出的"转到视图"对话框中选择便于编辑修改墙轮廓的视图"立面：南"，并打开视图，如图 4-3-67 所示。

进入南立面视图中，解除墙体轮廓的约束条件，如图 4-3-68 所示。并进行墙体轮廓绘制，使用"偏移"功能，点击"偏移"，勾选数值方式，根据题目给的洞口定位输入 1600，勾选复制，如图 4-3-69 所示。将鼠标停在需要偏移的线上，当鼠标稍微偏向线的某一方向时就会在对应方向出现示意的偏移线，如图 4-3-70 所示，确定了偏移位置后点击左键生成模型线。再利用同样的操作技巧将其余两条确定洞口的模型线绘制出来，如图 4-3-71 所示。

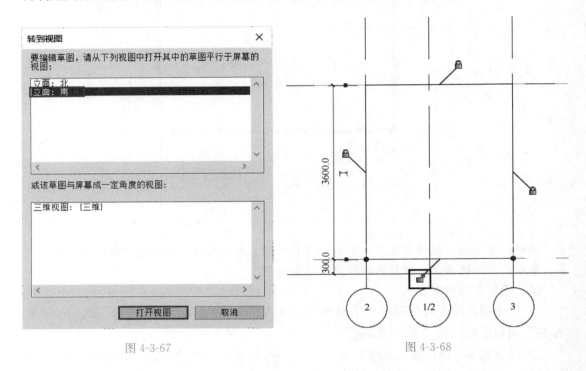

图 4-3-67

图 4-3-68

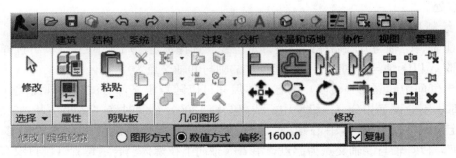

图 4-3-69

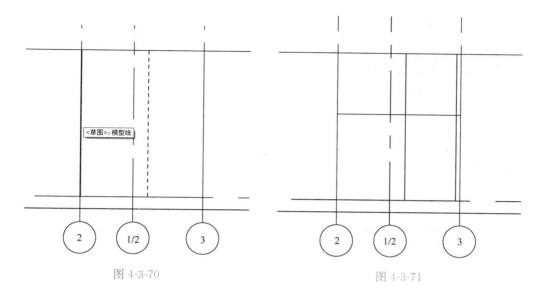

图 4-3-70   图 4-3-71

利用"拆分图元",如图 4-3-72 所示,点击拆分图元后点击墙体的下轮廓线将轮廓线打断,如图 4-3-73 所示。

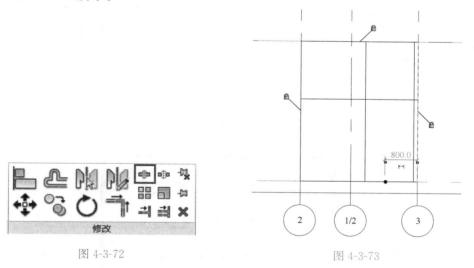

图 4-3-72   图 4-3-73

点击"修剪/延伸为角",如图 4-3-74 所示,对线 1 和线 2 进行修剪,如图 4-3-75 所示,并继续使用"修剪/延伸为角"完善墙体轮廓线,如图 4-3-76 所示,点击完成编辑,如图 4-3-77 所示。

完成首层内墙绘制后效果如图 4-3-78 所示。

(4)创建二层外、内墙体

在 Revit 中,图元可以通过"剪切板"的复制,粘贴命令运用于其他标高或者视图。若不同楼层图元材质信息一致,可直接修改图元"属性"面板的底部、顶部限制条件,实现图元高度的变化。

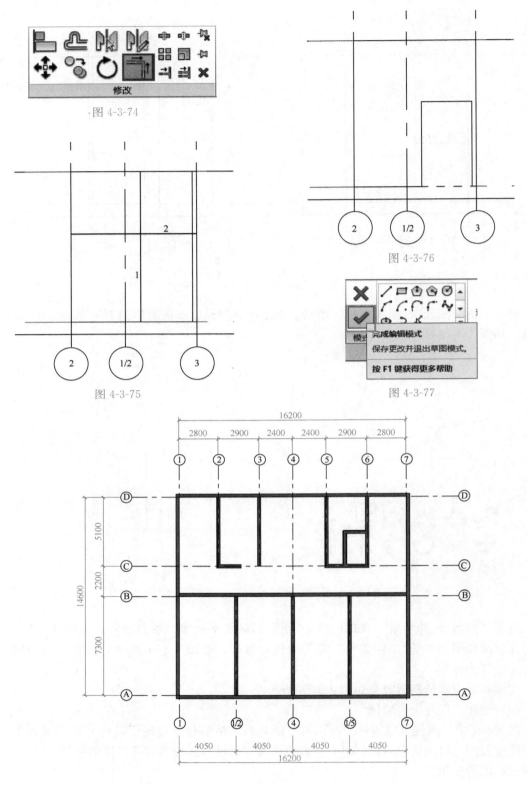

图 4-3-74

图 4-3-75

图 4-3-76

图 4-3-77

图 4-3-78

　　确定当前视图为首层楼层平面视图，由左上至右下框选所有墙体及轴网，框选完成后，选项卡界面自动切换为"修改/选择多个"界面，单击"选择"面板的"过滤器"命令，进入"过滤器"对话框，如图4-3-79所示，只保留"墙"，单击"确定"按钮，返回绘图界面。

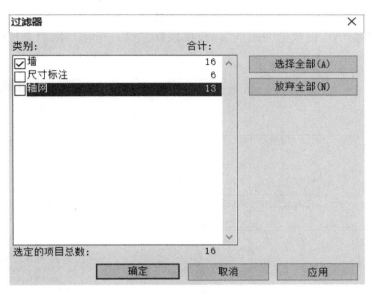

图 4-3-79

　　此时，将自动进入"修改/墙"界面。单击"剪贴板"面板中的"复制到剪贴板"工具，激活"粘贴"工具命令，在下拉列表中选择"与选定的标高对齐"，在弹出的"选择标高"对话框中，选择"二层"，单击"确定"按钮，在"属性"中，将顶部约束"直到标高：女儿墙"改为"直到标高：屋面"，将顶部偏移"300"改为"0"，单击"应用"，按"Esc"退出，完成二层墙体的复制，如图4-3-80所示。

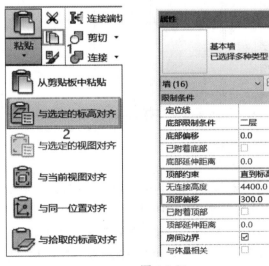

图 4-3-80

二层外墙体与一层外墙体对比，除标高不同，其余都相同，所以复制完成之后可以不做任何修改。二层内墙体与一层内墙体，除标高不同外，ⓒ轴与③、⑤轴之间在一层内墙体是断开的，而在二层是连续的，因此此处需要修改，其余都相同，如图 4-3-81所示。修改ⓒ轴与③、⑤轴之间二层内墙体，通过"项目浏览器"在楼层平面视图中选择"二层"，双击进入二层楼层平面视图，如图 4-3-82 所示。选中ⓒ轴的一处墙体，墙体左右两端都会出现拖拽的"圆点"，长按鼠标左键，拖动"圆点"使ⓒ轴处墙体连接。如图 4-3-83所示。

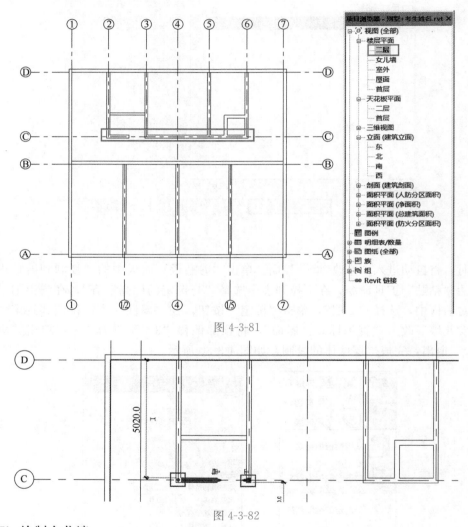

图 4-3-81

图 4-3-82

（5）绘制女儿墙

因此题并没有明确女儿墙墙体参数，可以用外墙体参数替代。操作如下：

1）通过"项目浏览器"在楼层平面视图中选择"屋面"，双击进入屋面楼层平面视图，确认界面处于"修改/放置墙"状态，设置"绘制"面板中的绘制方式"直线"。

2）设置选项栏中的墙"高度"为"女儿墙"；设置墙"定位线"为"面层面：内部"；勾选"链"，将连续绘制墙；设置"偏移量"为"0"。

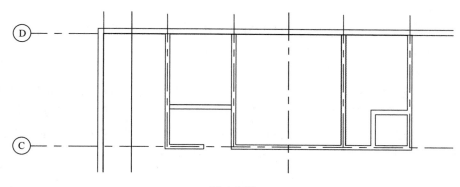

图 4-3-83

3）将鼠标移至绘图区域，鼠标指针变为绘制状态。通过鼠标滚轴缩放视图至适当比例，将鼠标指针放至Ⓐ轴与⑫轴交点进行捕捉，当交点变为蓝色线条，单击鼠标左键，作为首层外墙的起点，沿⑫轴向上连续"顺时针"绘制，依次经过交点：Ⓑ轴与⑫轴、Ⓑ轴与①轴、Ⓓ轴与①轴交点、Ⓓ轴与⑦轴交点、Ⓐ轴与⑦轴交点，最后回到Ⓐ轴与⑫轴交点，完成女儿墙墙体绘制，按键盘 Esc 键 2 次，退出墙绘制模式，如图 4-3-84所示。

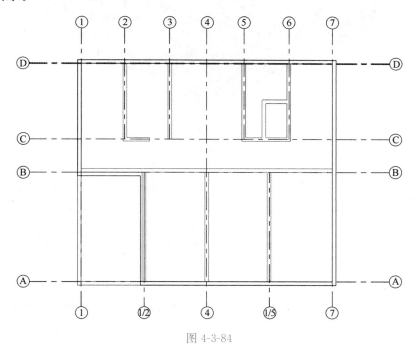

图 4-3-84

（6）生成室外墙体

此步操作与否，要根据综合题考题要求具体分析。此题可不设置；如果设置，具体操作步骤如下：

通过"项目浏览器"在楼层平面视图中选择"首层"，鼠标左键任意选择一处外墙体，然后鼠标右击，左键单击"选择全部实例"，左键选择"在视图中可见"，此时即选择了首层全部外墙体。

修改"属性"面板"底部限制条件"为"室外"，单击"应用"，完成室外至首层楼层墙体的高程设置。

（7）三维视图查看绘制模型

此步骤的主要目的是：通过观察三维模型，检查模型是否绘制正确（如墙体重叠等问题）。单击"项目浏览器"中"三维视图"的"3D"按钮或者单击快速访问栏的图标"⬡"，可以切换至三维模型，切换视图底部视图控制栏中"视觉样式"显示模式"真实"，可以看到完成的所有墙体的 3D 效果，如图 4-3-85 所示。

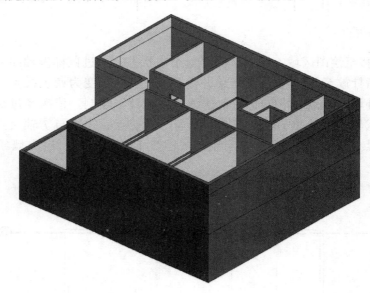

图 4-3-85

3. 柱体

Revit 软件中，柱分为结构柱和建筑柱。结构柱和建筑柱都属于综合建模的考试范围，时常也会在理论题部分考核。从综合建模部分分析柱体的主要考点，有如下几个：①矩形垂直结构柱参数定义与绘制、矩形垂直建筑柱参数定义与绘制；本章以结构柱绘制为例，建筑柱可参考结构柱的方法进行绘制；②编辑修改矩形柱，一般含柱体的位置修改及柱体的高度修改。

（1）结构柱参数设置

通过"项目浏览器"在楼层平面视图中选择"首层"。单击"建筑"选项卡"构件"面板中的"柱"下拉按钮，在列表中选择"柱—结构柱"，如图 4-3-86 所示，自动切换至"修改 | 放置柱"上下文选项卡。或鼠标单击"结构"选项卡"构件"面板中的"柱"，也可自动切换至结构柱绘制，如图 4-3-87 所示。

在"属性"面板中下拉，并没有符合题意的矩形结构柱，说明此建筑样板中所包含的系统族不含矩形结构柱，需载入矩形结构柱。单击"属性"柱中"编辑类型"，在弹出的"类型属性"对话框中选择"载入"，如图 4-3-88 所示。在弹出的对话框选择"结构"，依

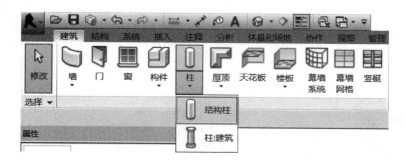

建筑
结构
系统
插入
注释
分析
体量和场地
协作
视图
管理
修改
墙
门
窗
构件
柱
屋顶
天花板
楼板
幕墙系统
幕墙网格
竖梃
选择
结构柱
柱:建筑
属性

图 4-3-86

建筑
结构
系统
插入
注释
分析
体量和场地
协作
修改
梁
墙
柱
楼板
桁架
支撑
梁系统
独立
条形
板
选择
结构
基础

图 4-3-87

类型属性
族(F)：
UC-常规柱 - 柱
载入(L)...
类型(T)：
305x305x97UC
复制(D)...
重命名(R)...
类型参数
参数
值
结构
A
123.000
Ix
0.000000
M
96.900000
公称 h
305
Zx
0.000000
横断面形状
未定义
尺寸标注
b
305.3
h
307.9
r
15.2
s
9.9
t
15.4
标识数据
注释记号
型号
<< 预览(P)
确定
取消
应用

图 4-3-88

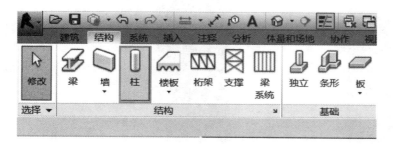

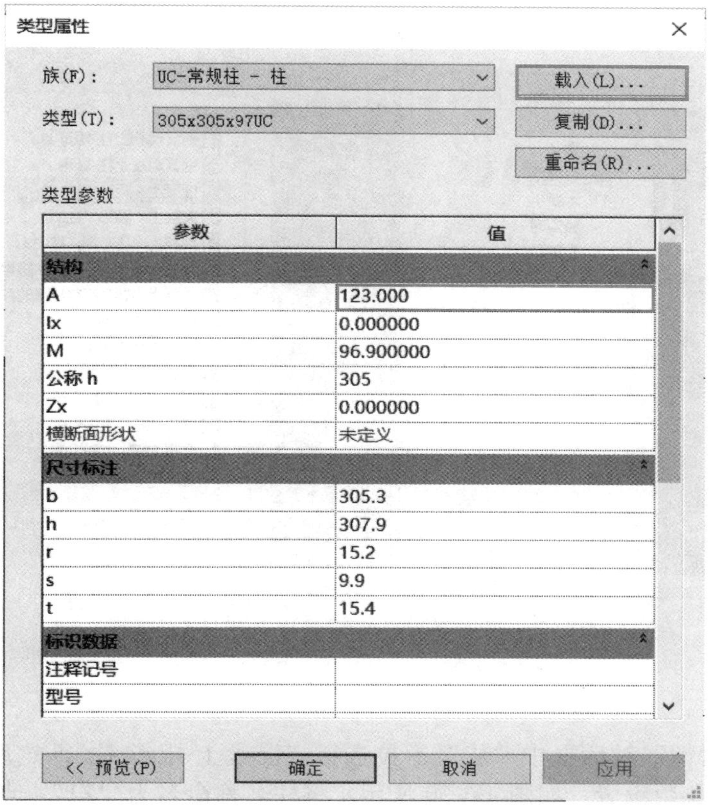

次打开"结构""柱""混凝土"文件夹选择"混凝土-矩形-柱.rfa",点击"打开"加载族并退出至"类型属性",如图4-3-89所示。

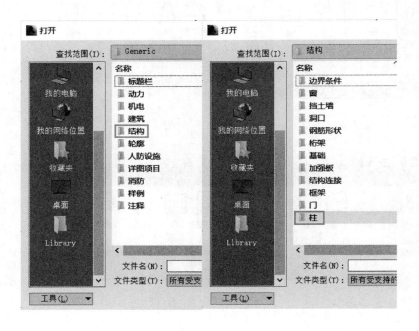

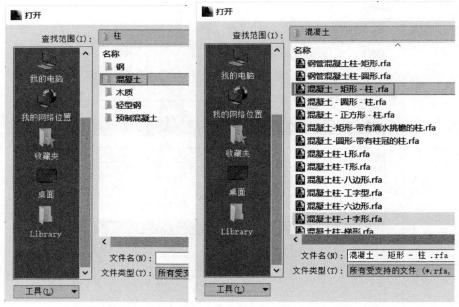

图 4-3-89

在"类型属性"对话框中"族"下拉选择"混凝土-矩形-柱",然后点击复制进行"Z1""Z2"柱参数设置,如图4-3-90所示。将柱名称命名为"Z1",点击"确定",如图4-3-91所示。将"类型属性"参数"b"数值调为"400",参数"h"数值调为"500"。

完成"Z1"柱参数设置后，再点击"复制"进行"Z2"柱参数设置，将柱名称命名为"Z1"，点击"确定"，将"类型属性"参数"b"数值调为"400"，参数"h"数值调为"400"。最后点击"确定"退出"类型属性"对话框，如图4-3-92所示。

　　设置选项栏中"高度"为"屋面"，确定放置面板中为"垂直柱"，如图4-3-93所示。

图 4-3-90

图 4-3-92

图 4-3-91

图 4-3-93

（2）结构柱绘制

　　先绘制"Z2"柱，在类型选择器中选择"Z2"，如图4-3-94所示。移动鼠标指针至Ⓐ轴线与①轴线相交处，柱的定位点为矩形柱的中心，放置"Z2"柱。继续按照图4-3-95所示的位置，完成剩余"Z2"柱的绘制。按键盘Esc键两次退出绘制柱命名。

　　提示：此题未要求对柱进行标记。若其他考试题目要求对柱进行标记，可用两种方式进行操作。第一种方式是：在设置选项卡中选择"在放置时进行标记"，即每绘制一个柱子都会进行标记，如图4-3-96所示；第二种方式是：全部柱绘制完成之后进行标记，依次选择"注释""全部标记""结构柱标记"，点击"确定"即可进行全部结构柱标记，如图4-3-97所示。

　　绘制"Z1"柱。按照前述方式进入"结构柱"绘制命名，在"属性"下拉选择"Z1"，如图4-3-98所示。设置选项栏中"高度"为"屋面"，确定放置面板中为"垂直柱"。移动鼠标指针至Ⓑ轴线与①轴线相交处，柱的定位点为矩形柱的中心，按键盘"空格键"进行柱体方向的调整，直至调整翻转90°，放置"Z1"柱。继续按照图4-3-99所示的位置，完成剩余"Z1"柱的绘制。按键盘Esc键2次退出绘制柱命名。

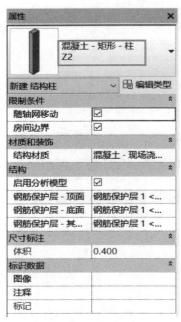

图 4-3-94

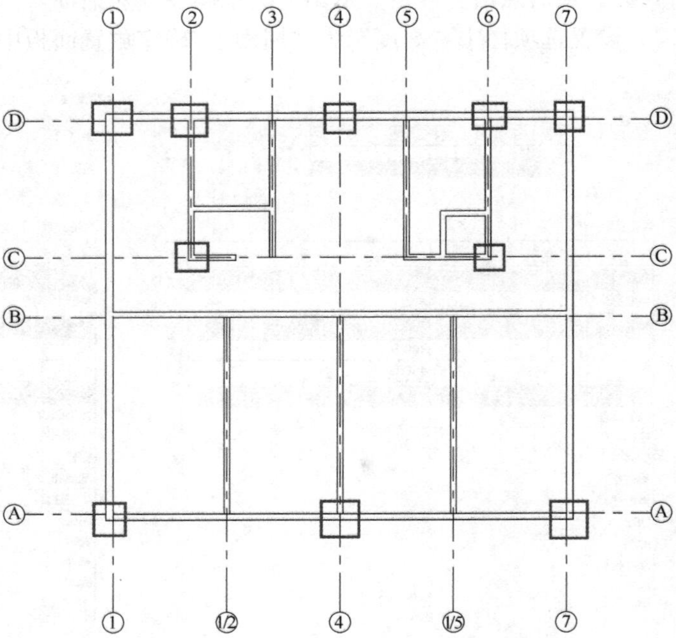

图 4-3-95

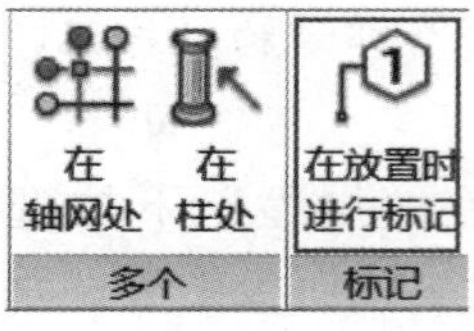

图 4-3-96

图 4-3-97

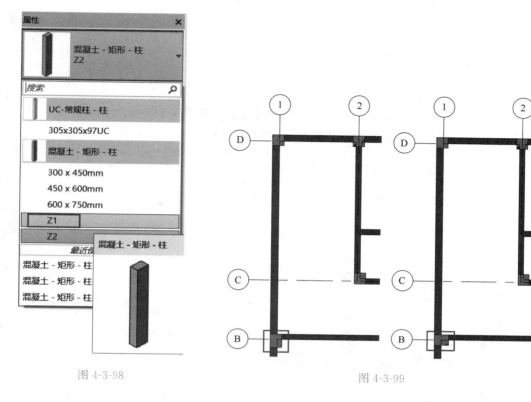

图 4-3-98　　　　　　　　　　　　　　　图 4-3-99

（3）结构柱的编辑

1）平面位置编辑。通过修改编辑命令精确定位结构柱。对比图纸，需要修改"Z2"柱的位置，分别是：ⓒ轴线与②轴线交点处结构柱、ⓒ轴线与⑥轴线交点处结构柱、ⓑ轴线与④轴线交点处结构柱。这两处柱定位点并不是矩形柱的中心，而是柱边与墙对齐。需要修改位置"Z1"柱，分别是：ⓑ、ⓒ轴线与①轴线交点处结构柱、ⓑ、ⓒ轴线与⑦轴线交点处结构柱。同样是一条柱边与外墙边对齐。

对齐命令的调用如下：单击"修改"选项卡"修改"面板中的"对齐"工具图标" "或者输入快捷键命令"AL"，进入"对齐"编辑状态，依据题目操作勾选或者不勾选选项栏中的多重对齐，如图 4-3-100 所示。或者选中任意结构柱，在自动弹出的"修改/结构柱"选项栏中点击"对齐"。

对齐ⓒ轴线与②轴线交点处的结构柱。选中此交点处的结构柱，在自动弹出的"修改/结构柱"选项栏中点击"对齐"，取消"多重对齐"，在绘图区域先点击"内墙体 1 号边线"，再点击"柱体 a 边"即可对齐，同理，先点击"内墙体 2 号边线"，再点击"柱体 b 边"即可对齐（图 4-3-101）。

完成剩余结构柱的位置移动，操作同前。

2）部分柱体标高修改

因柱体在绘制时采用的是全部柱体高度绘制至柱体可能到达的最高处"屋面"层，这导致一些柱体高度需要修改。通过对比图纸，需要调整柱体高度的柱子仅一处，即Ⓐ轴与①轴交点处的柱，柱体的"底部标高"应该为"首层"，"顶部标高"应该为"二层"。修改步骤如下：

① 选中Ⓐ轴线与①轴线交点处结构柱；

② 将"属性"中的"顶部标高"由"屋面"下拉修改为"二层"，点击"应用"，按 Esc 键一次退出绘制，如图 4-3-102 所示。

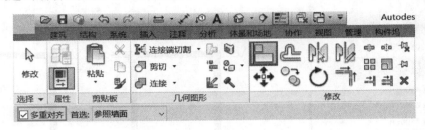

图 4-3-100

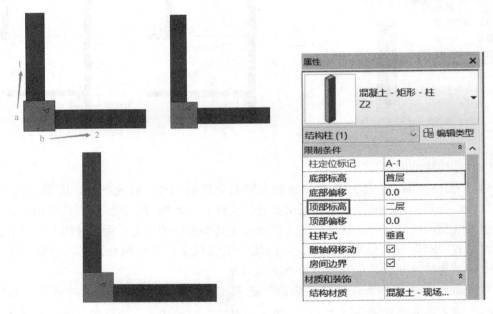

图 4-3-101　　　　　　　　　　　　　　　　图 4-3-102

4. 楼板

综合题考核的楼板操作相对简单，常考点通常有以下几个：①楼板参数设置；②建筑楼板与结构楼板的绘制，但 Revit 建筑楼板与结构楼板绘制没有区别，主要区别在于是否进行结构受力分析，本章以建筑楼板为例讲解楼板的创建及编辑；③楼板的简单编辑，如楼梯间楼板洞口的形成、创建带有坡度的楼板。④利用楼板绘制一些附属设施，如室外的台阶、室外散水，这部分内容放置散水台阶部分讲解。⑤墙体附着至楼板，如斜楼板地下的墙体怎么修改、墙体与楼板重叠怎么处理。

（1）楼板参数设置

依次单击"建筑""构建""楼板"工具下拉列表，在列表中选择"楼板：建筑"命名，进入"修改｜创建楼层边界"界面，如图 4-3-103 所示。

图 4-3-103

提示：楼板绘制界面需要点击"完成编辑模式✔"或者"取消编辑模式✘"才能退出当前命令，否则无法进入下一命名的操作。

单击"属性"面板，属性下拉选择"常规－150mm－实心"，完成后选择"编辑类型"，进入"类型属性"对话框，点击复制，命名为"楼板"，确认"类型参数"中的"功能"为"内部"，点击"确定"退出名称对话框，如图 4-3-104 所示。

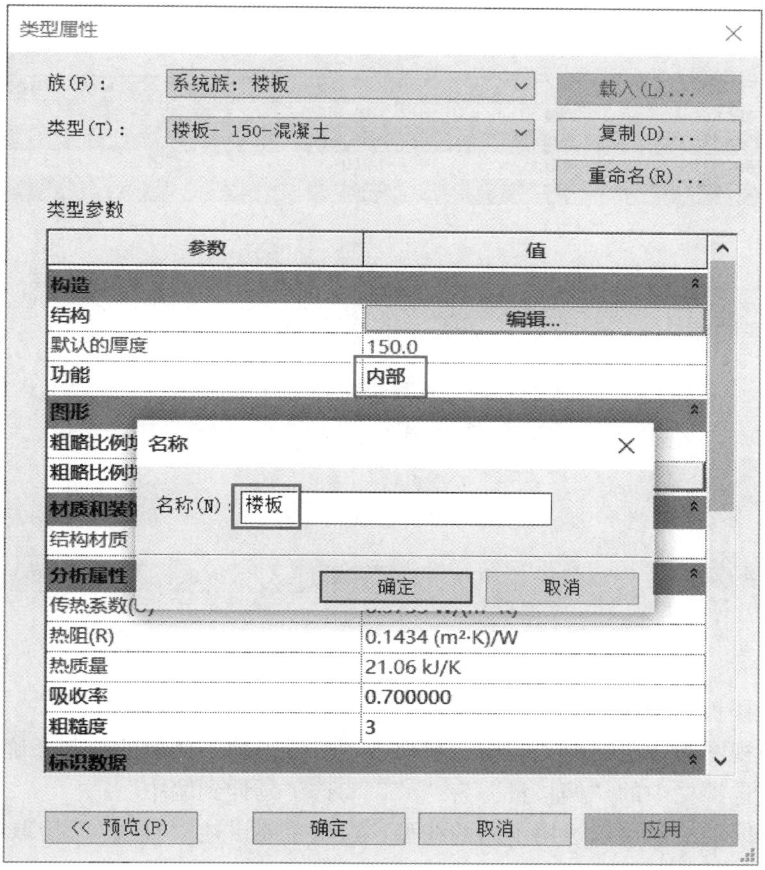

图 4-3-104

单击"类型参数"中"结构"参数后的"编辑"按钮，进入"编辑部件"对话框。

设置此题"楼板"材质、厚度。题目楼板分为二层，分别是：10 厚瓷砖（装饰）、140 厚混凝土（结构层）。10 厚瓷砖对应功能为"面层 1"，140 厚混凝土对应功能为"结构层"。瓷砖、混凝土材质都可通过"复制"方式进行设置，具体可参考墙体部分材质的设置。

楼板参数设置过程如下：

1）140 厚加气混凝土结构层的设置：单击结构层的"材质"一列 <按类别> 按钮，把材质设置为混凝土，厚度直接输入为 140。

2）10 厚瓷砖的设置：鼠标指向上面的核心边界层并选中，单击"插入"按钮，此时在其上添加一层，把该层的功能、材质、厚度依次设置为"面层 1""瓷砖""10"。

3）功能、材质、厚度设置完成之后，如图 4-3-105 所示。点击"确定"退出"编辑部件"，再点击"确定"退出"类型属性"。

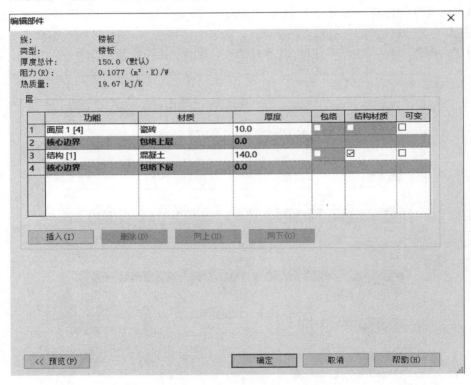

图 4-3-105

（2）首层楼板的绘制

确认当前视图为楼层平面"首层"平面视图。进入建筑楼板的绘制，确定"属性"为"楼板"。确定选项栏中的"偏移量"为"0"，勾选"延伸到墙中"。

楼板边界线的绘制可以选用不同的线型，这里主要讲述"直线""拾取墙""拾取线"等命令。

1）拾取墙的绘制方式。系统默认的方式为"拾取墙"，移动鼠标至绘图区域，分别依次按一个方向（顺时针或逆时针）单击鼠标左键拾取"首层外墙体"的四道墙体，鼠标拾取靠外墙体内装饰线，这样可以拾取到外墙体内装饰与核心层交界线，如图 4-3-106 所示。工程实际或考试中，可根据实际情况绘制楼板的边界。

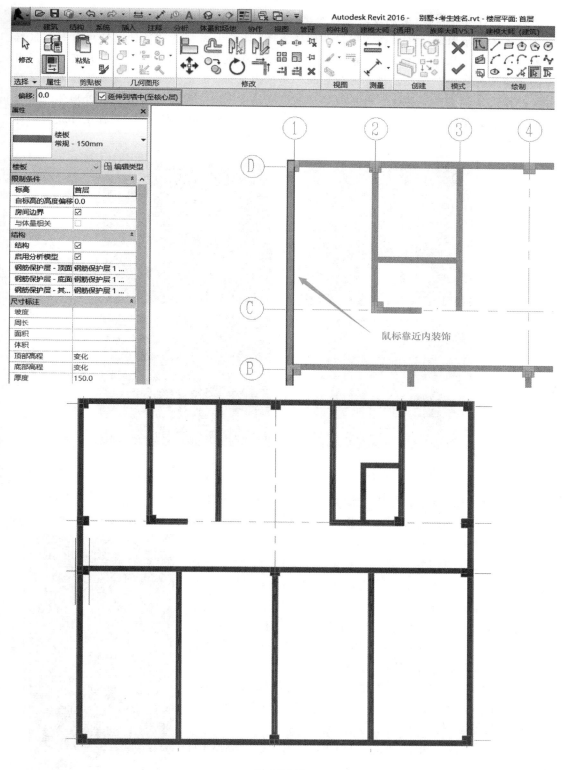

图 4-3-106

提示：①拾取墙 ⬛ 绘制方式中，勾选或不勾选"延伸到墙中"与鼠标左键放置的外墙体位置不同拾取的墙边线会不同，如图 4-3-107 所示。当勾选"延伸到墙中"时，鼠标左键放置的外墙体外装饰一边，拾取到的是外墙体外装饰与核心层（结构层）交界线。当勾选"延伸到墙中"时，鼠标左键放置的外墙体内装饰一边，拾取到的是外墙体外内装饰与核心层（结构层）交界线。当不勾选"延伸到墙中"时，鼠标左键放置的外墙体外装饰一边，拾取到是外墙体外装饰最外边线。当不勾选"延伸到墙中"时，鼠标左键放置的外墙体内装饰一边，拾取到是外墙体外内装饰边线。

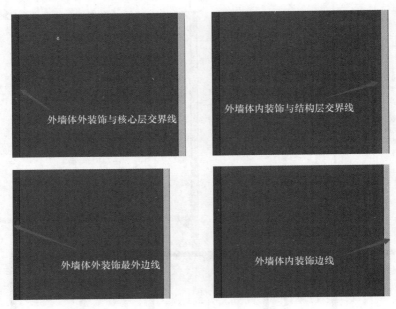

图 4-3-107

② 拾取墙 ⬛ 绘制方式中，可结合 Tab 键，快速选择相连接的墙体。按照上述放式，鼠标放置（不点击）靠外墙体内装饰线，然后单击按 Tab 键，单击鼠标左键，即可完成楼板边界的绘制。Tab 键在 Revit 中是选择键。

2）拾取线绘制方式。选择"拾取线" ⬛ 绘制方式，移动鼠标至绘图区域，按 Tab 键切换选择，直到拾取到外墙线，按鼠标左键确定，如图 4-3-108 所示。其他外墙也按此方式拾取即可。因 Revit 绘制楼板，其边界线一定是闭合且不重叠的，如图 4-3-109 所示的几种方式都不能使用。此种方式绘制完成后，通常需要利用"修剪/延伸为角"工具修剪草图。

3）直线 ⬛ 绘制方式。这种方式如同直线墙体的绘制。选择一个起点，依次连续绘制，最后终点跟起点重合即可。

剩余其他绘制方式可根据考题灵活使用。

边界线完成后，单击"完成编辑模式"按钮，会弹出如图 4-3-110 所示对话框，单击"是"，完成对"首层楼板"绘制。

图 4-3-108

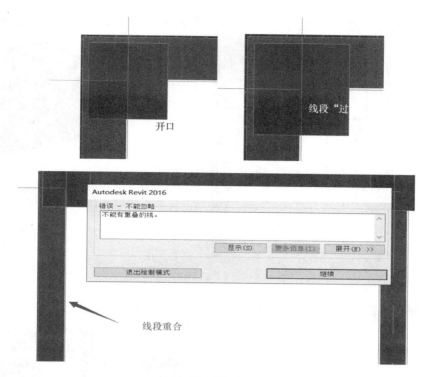

图 4-3-109

（3）添加二层楼

1）绘制

按照前述方式绘制二层楼板，或者通过"复制"方式绘制（参考前述"创建二层外、内墙体"这部分内容）。

2）一层内墙体附着至二层楼板底部

当墙体与顶部或底部水平连接构件未相

图 4-3-110

连时，可以通过"修改墙"面板的"附着"命令来设置。"附着"命令随着相邻的楼板的改变，会自动取消附着关系。

打开一层楼层平面视图，接着打开三维视图，按"WT（平铺）"进行平铺视图，关闭其余视图，只留一层平面视图及三维视图，然后按"WT（平铺）"再进行平铺，如图 4-3-111所示。

将鼠标移动一层楼层平面视图绘图区域内，单击鼠标确定在一层平面视图进行绘制。然后单击鼠标选中一层任意一面内墙体，单击鼠标选择"选择全部实例"，选择"在视图可见"，即选中一层所有墙体。

将鼠标移动至三维视图绘图区域内，单击鼠标确定在三维视图进行绘制。在自动切换的"修改/墙"界面，单击"修改墙"面板的"附着顶部/底部"命令，如图 4-3-112 所示，此时选项栏默认"附着墙"为"顶部"。

依据状态栏提示，移动鼠标至二层楼板，单击左键，即可实现墙体顶部与二层楼板的

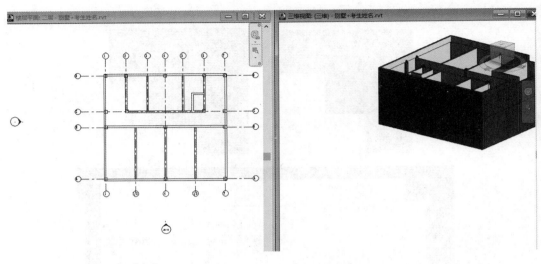

图 4-3-111

自动附着，如果楼板为斜板也可自动附着，如图 4-3-113 所示。

图 4-3-112

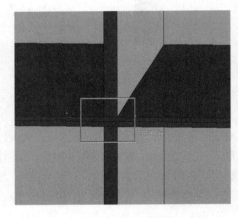

图 4-3-113

（4）斜楼板的绘制

此综合题未涉及斜楼板的绘制，绘制斜楼板一般通过"拉坡度箭头"绘制。具体参考屋顶小节"拉坡度箭头"绘制。

5. 屋顶

屋顶根据排水坡度的不同，分为平屋顶和坡屋顶两种类型。在 Revit 里提供了迹线屋顶、拉伸屋顶、面屋顶、玻璃斜窗，这部分内容在"局部建模"章节有详细的讲述。综合题的屋顶也就是这部分内容的简单操作，难度一般不会超过局部建模，并且基本考查的是迹线屋顶。本章以综合题图纸考题为主，总结其他综合题屋顶内容常考点，进行讲解。常见考点有以下几点：①屋顶参数设置；②迹线屋顶绘制平屋顶或坡屋顶，其中综合题图纸考题为斜屋顶，这章以此为例进行讲述，可参考"局部建模"章节；③迹线屋顶坡度箭头有两种绘制方式，一种是通过拉"坡度箭头"绘制；另一种是通过"边界线定义坡度"，两种方式有所区别；④墙体、柱体附着屋顶，墙体附着屋顶如同墙体附着楼板，操作相同，这里主要讲述一下柱体附着屋顶。

（1）屋顶参数定义

确认当前视图为楼层平面"屋面"平面视图，依次单击"建筑""构建""屋顶"，单击"屋顶"下拉三角符号，如图4-3-114所示，选择"迹线屋顶"，进入"修改/创建屋顶迹线"界面。

依次单击"属性""编辑类型"，进入"类型属性"对话框。在"类型属性"的"类型"中下拉选择"常规—125mm"，基于"常规—125mm"复制名称为"屋顶"，单击"确定"返回"类型属性"，如图4-3-115所示。

图 4-3-114

单击"类型属性"中"结构"的"编辑"按钮，进入"编辑部件"对话框。如图4-3-116所示。

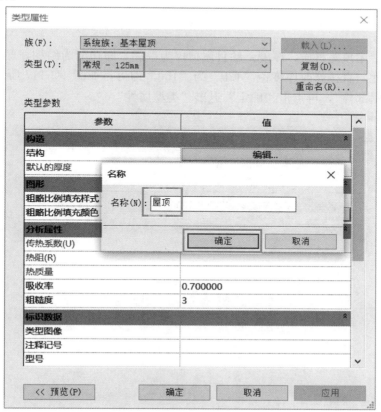

图 4-3-115

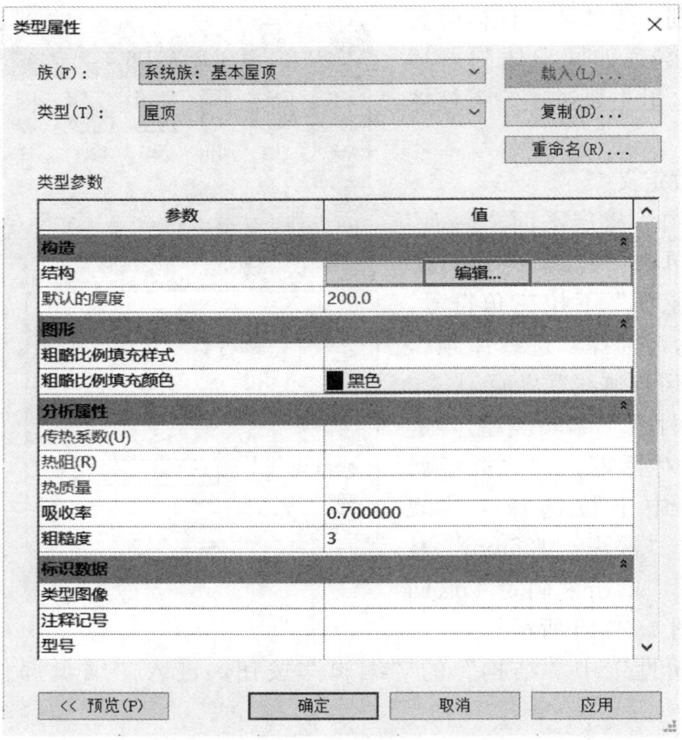

图 4-3-116

设置此题"屋顶"材质、厚度。题目屋顶仅为一层，即功能为结构，厚度为150，无材质要求。因此，直接修改厚度值"125"为"150"即可，如图4-3-117所示。点击"确定"退出"编辑部件"，再点击"确定"退出"类型属性"。

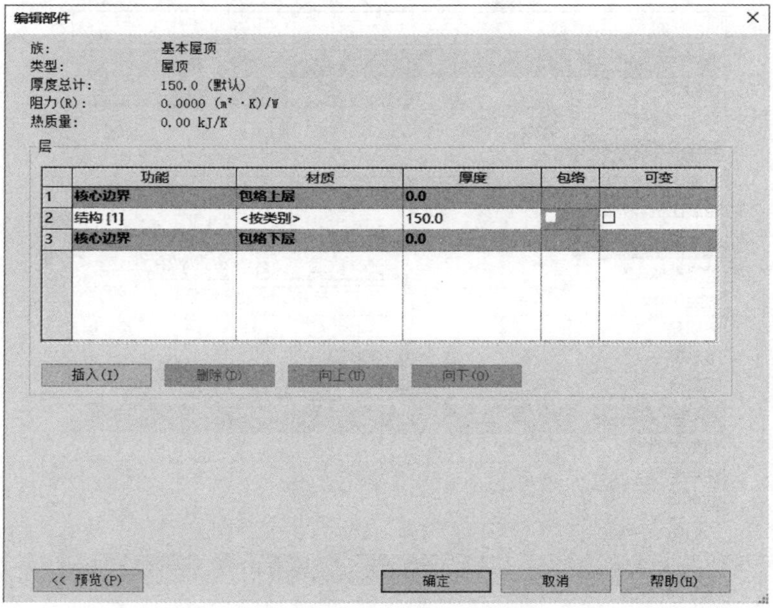

图 4-3-117

确认选项栏中"定义坡度"不勾选，"悬挑"值为"0"，勾选"延伸到墙中至核心层"，如图 4-3-118 所示。修改实例属性值"自标高的底部偏移"为"0"。

| ☐ 定义坡度 | 悬挑: 0.0 | ☑ 延伸到墙中(至核心层) |

图 4-3-118

（2）绘制屋顶迹线

确认当前绘制方式为"拾取墙 █ "，鼠标移动至绘图区域靠女儿墙内装饰线的位置，按 Tab 键切换至目标位置后，单击鼠标，即可完成屋顶边界的绘制，形成如图 4-3-119所示屋顶迹线。

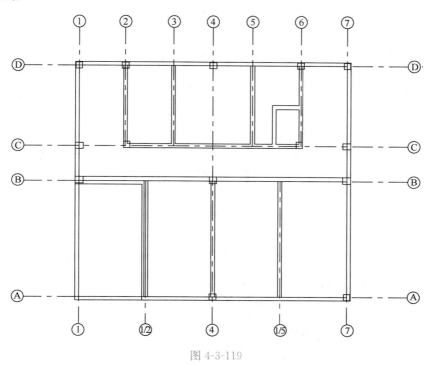

图 4-3-119

（3）定义屋顶坡度

屋顶坡度定义可用"边界线定义坡度"或"坡度箭头"两种方式。

1）方式 1"边界线定义坡度"。需在①轴线～⑦轴线迹线、⑫轴线～⑦轴线迹线设置坡度。鼠标左键选中①轴线～⑦轴线迹线，然后同时按住键盘 Ctrl 键以及鼠标左键选择⑫轴线～⑦轴线迹线，即可把两条迹线全部选中，然后在选项栏中勾选"定义坡度"，在"属性"中的"坡度"将值修改为"1.00°"，如图 4-3-120 所示。

2）方式 2"坡度箭头"。通过图 4-3-121 所示，明确知道屋顶的坡度箭头设置是有规则的。第一条规则是：可以指定坡度箭头头尾的高度，也可以使用属性输入坡度值。解析第一条规则，就是坡度定义的方式有两种，分别是：尾高、坡度，如图 4-3-122 所示，当"属性"中"指定"选择为"尾高"时，"属性"中"坡度"不可设置（灰色）。同理，当"属性"中"指定"选择为"坡度"时，"属性"中"坡度"可设置，而"属性"中"最高

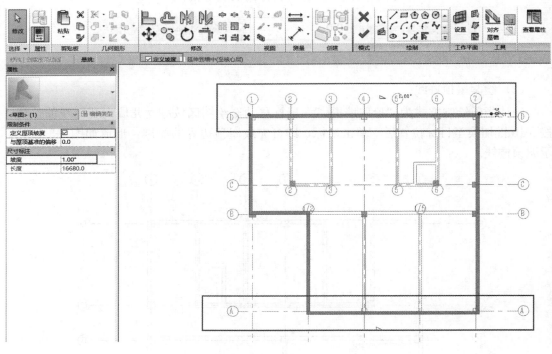

图 4-3-120

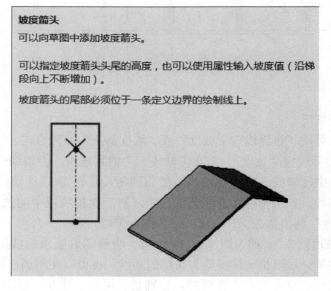

坡度箭头

可以向草图中添加坡度箭头。

可以指定坡度箭头头尾的高度，也可以使用属性输入坡度值（沿梯段向上不断增加）。

坡度箭头的尾部必须位于一条定义边界的绘制线上。

图 4-3-121

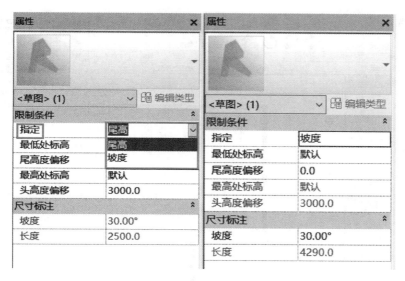

图 4-3-122

处标高"与"头高度偏移"不可设置（灰色）。第二条规则是：坡度箭头的尾部必须位于一条定义边界的绘制线上，如图 4-3-123 所示。

　　因此综合题给出了明确的坡度值为 1%，所以根据第一条规则限定，"属性"中"指定"选择为"坡度"，坡度值设置为"1"，如图 4-3-124 所示。再根据图纸要求的坡度方向，以及第二条规则限定，坡度箭头设置如图 4-3-125 所示，箭头相交于Ⓑ轴线。

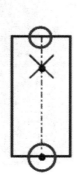

图 4-3-123

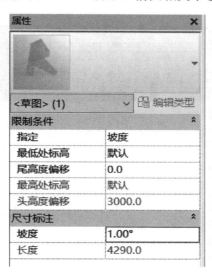

图 4-3-124

　　单击"完成编辑模式✔"完成屋顶编辑。

　　（4）柱体附着屋顶

　　因屋顶带有 1% 坡度，且柱体绘制顶点标高是直接到屋面，会出现如图 4-3-126 所示的"柱体与屋顶重合"和"柱体与屋顶脱离"的两种情况。现在通过柱体附着屋顶可以解

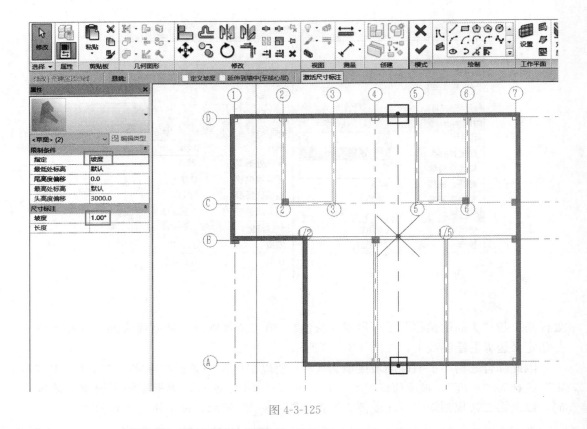

图 4-3-125

图 4-3-126

决此问题。

　　打开二层楼层平面视图，接着打开三维视图，按"WT（平铺）"进行平铺视图，关闭其余视图，只留一层平面视图及三维视图，然后按"WT（平铺）"再进行平铺，如图 4-3-127所示。

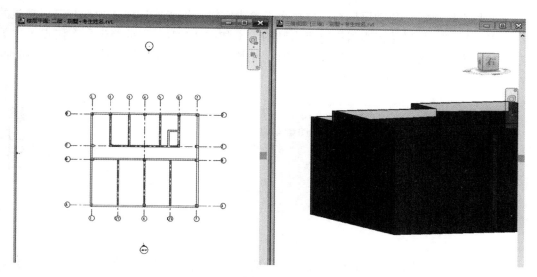

图 4-3-127

将鼠标移动至二层楼层平面视图绘图区域内，单击鼠标确定在二层平面视图进行绘制。然后从下往上框选二层所有"图元"，在自动切换的"修改/选择多个"界面，单击"选择"面板中的"过滤器"，在过滤器中仅勾选"结构柱"，如图 4-3-128 所示，点击"确定"退出"过滤器"对话框，即选中二层所有柱体。

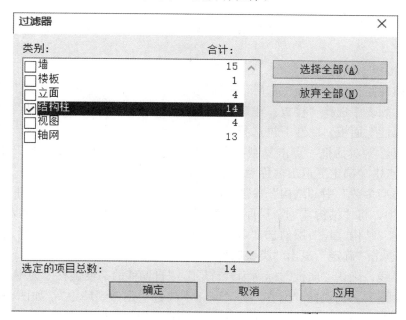

图 4-3-128

将鼠标移动至三维视图绘图区域内，单击鼠标确定在三维视图进行绘制。在自动切换的"修改/结构柱"界面，单击"修改柱"面板的"附着顶部/底部"命令，如图 4-3-129 所示，此时选项栏默认"附着柱体"为"顶部"。

依据状态栏提示，移动鼠标至二层楼板，单击左键，即可实现墙体顶部与二层楼板的自动附着，当然后如果楼板为斜板也可自动附着，如图 4-3-130 所示警告，直接点击"关闭"即可。出现警告的原因是：柱体是具有"结构"属性的，而屋顶是非"结构"属性，这在"1＋X"考试中并没有影响。

图 4-3-129　　　　　　　　　　　　　　　　　　图 4-3-130

6. 散水、台阶

Revit 中并没有专门的功能绘制散水、台阶，因此散水、台阶会应用其他功能绘制。一般散水常用的是：内建族（放样）、楼板（楼板边缘、楼板形状编辑），一般台阶常用的是：内建族（拉伸、放样）、楼板（楼板叠加、楼板边缘）、楼梯。本节将描述利用楼板绘制散水，同时利用楼板绘制台阶，其余操作方式可参考本教材"第 2 部分"和"第 3 部分"的内容灵活运用，这里不再赘述。楼梯绘制台阶，需要调整较多参数，并且只能解决"直"台阶，"转角"台阶并不能解决，并不适用于综合建模题。

（1）楼板绘制散水

解题思路：此题利用到了"楼板的形状编辑"，可参考本教材"第 2 部分局部建模"的相关内容。

1）绘制楼板

确认当前视图为楼层平面"首层"平面视图。依次单击"建筑""构建""楼板"工具下拉列表，在列表中选择"楼板：建筑"命名，进入"修改/创建楼层边界"界面。

单击"属性"面板，属性下拉选择"常规-150mm-实心"，完成后选择"编辑类型"，进入"类型属性"对话框，点击复制，命名为"散水"，确认"类型参数"中的"功能"为"外部"，点击"确定"退出名称对话框，如图 4-3-131 所示。

单击"类型参数"中"结构"参数后的"编辑"按钮，进入"编辑部件"对话框。在"编辑部件"中，将"结构［1］"层厚度设置为 300，因此题没有要求散水材质可不设置材质，然后在"结构［1］"层勾选"可变"，如图 4-3-132 所示。点击"确定"退出"编辑部件"，再点击"确定"退出"类型属性"。

绘制边界线。确认"属性"标高为"首层"，"自偏移的高度偏移"为零，确认绘制方式为"拾取墙[图]"，选项栏"偏移"为"0"，不勾选"延伸到墙中"，如图 4-3-133 所示。移动鼠标至绘图区域，鼠标放置（不点击）靠外墙体外装饰线，然后单击按 Tab 键，单击鼠标左键，如图 4-3-134 所示。再次选择绘制方式为"矩形[图]"，选项栏"偏移"为"1000"，如图 4-3-135 所示。移动鼠标至绘图区域，鼠标左键选择"①轴线与①轴线交点处墙体外边线"为起点，鼠标左键选择"Ⓐ轴线与⑦轴线交点处墙体外边线"为终点，如图 4-3-136 所示，绘制边界线如图 4-3-137 所示。

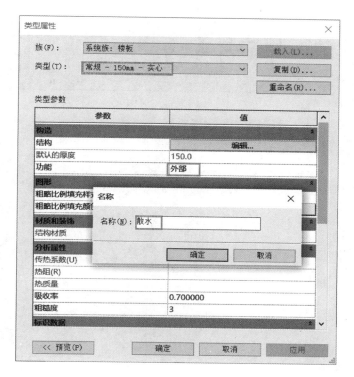

图 4-3-131

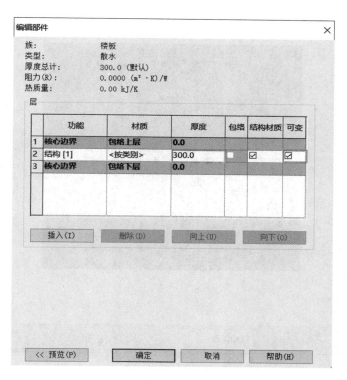

图 4-3-132

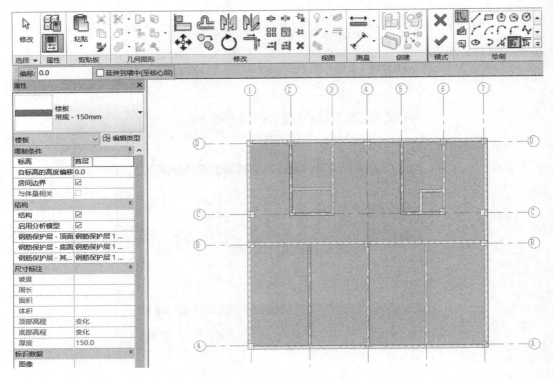

图 4-3-133

图 4-3-134

图 4-3-135

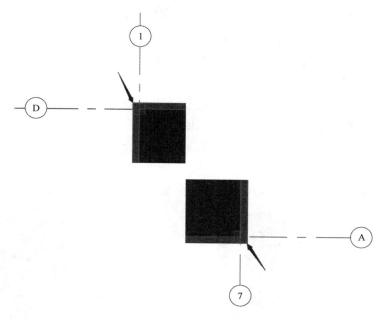

图 4-3-136

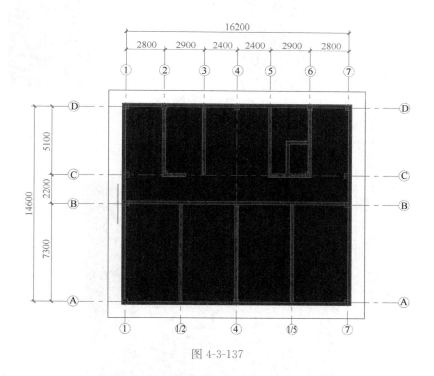

图 4-3-137

　　提示：本章绘制楼板的边界线时，采取了两种绘制方式。分别是：①"拾取墙▣"；②"矩形▣"。无论选择哪种绘制方式，只要满足题目要求即可，考试时可根据图纸情况灵活选用。建议此题都用"矩形▣"，效率更高。

　　按照题目要求修改边界线，增加边界线。根据图纸⑧、ⓒ轴线与①轴线之间是台阶位置，③、⑤轴线与①轴线之间是台阶位置没有散水的，此时需要修改这部分边界线。按Esc键2次退出"矩形□"命令，选择"直线↗"命令，绘制ⓒ、ⓓ轴处连线，如图 4-3-138所示。同理③、⑤轴线连接也按照"直线"绘制。

按照题目要求修改边界线，修剪边界线。选择任意一根已经绘制完成"边界线"。在自动弹出的"修改"工具中选择"拆分图元⊕（快捷键 SL）"。然后鼠标移至绘图区域，鼠标左键单击需要拆分的部分，完成后，会出现蓝色的一个点，即完成，如图 4-3-139 所示。同样的方式拆分剩余需要拆分的"边界线"。拆分完成后，再次选择任意一根已经绘制完成"边界线"。在自动弹出的"修改"工具中选择"修剪/延伸为角⌐"（快捷键TR）。然后鼠标移至绘图区域，选中需要修剪的部分，最后形成如图 4-3-140 所示效果。

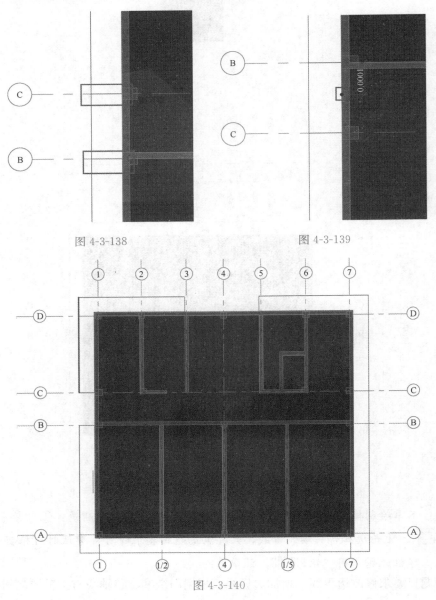

图 4-3-138   图 4-3-139

图 4-3-140

选择"完成编辑模式✔"完成楼板绘制。将视图选择为三维视图"三维"视图，调整视图角度为合适角度。

提示：通过同时按住Shift＋鼠标左键控制视图观看角度或者可View cube调整角度视图角度，如图4-3-141所示。

图 4-3-141

2）楼板形状编辑

在三维视图中选择绘制完成的"散水"，在自动弹出的"修改/楼板"中的"形状编辑"中选择"修改子图元"，如图4-3-142所示。然后将鼠标移至绘图区域，鼠标左键选择需要降标高的点，然后将标高改为"－300"，按Enter键结束，如图4-3-143所示。依次完成所有需要改变高程的点，最后形成如图4-3-144所示效果。

图 4-3-142

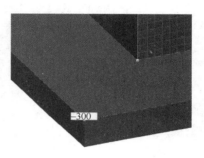

图 4-3-143

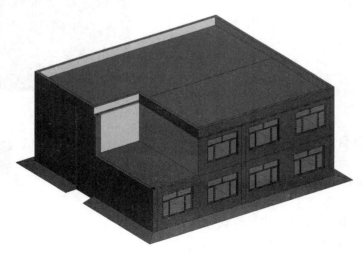

图 4-3-144

提示："－300"为相对标高，无论楼板的标高值绘制在哪，绘制完成后的相对标高值都为"0"，此题散水高差为300，所以需要下降"300"，下降填入"－"号。而并不是因为室外标高为"－300"，此题只是正好散水的最低点在室外标高线上。

（2）楼板绘制台阶

利用楼板绘制台阶可以有两个思路：①利用楼板边缘绘制；②楼板叠加，将楼板如同搭积木一样拼接成台阶。利用楼板边缘绘制原理同族差不多，操作过于复杂，综合题并不适用，这部分内容此处不作为重点。

确认当前视图为楼层平面"首层"平面视图。

绘制最底部台阶。依次选择"建筑""楼板"，"楼板"下拉选择"楼板：建筑"。"属性"下拉选择"常规－150mm"，确认"属性"中"标高"为"首层"，"属性"中"自标高的高度偏移"值为"－150"。绘制方式选择"直线⁄"，偏移量为"0"，如图4-3-145所示。左键以"Ⓑ轴线与①轴线"交点为起点，鼠标往左拉，保持线段水平，再键盘输入"2000"，然后往上拉，保持线段垂直，左键选择"参照线与线段"相交处，然后依次绘制线段，最终形成如图4-3-146所示边界。选择"完成编辑模式✔"完成屋顶编辑。

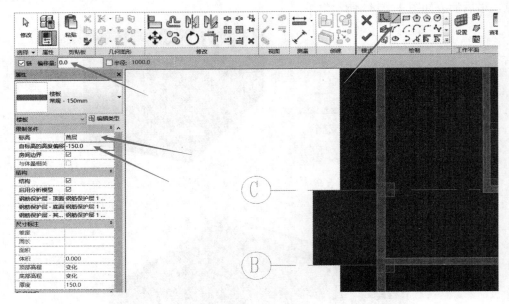

图 4-3-145

绘制最上面台阶。依次选择"建筑""楼板"，"楼板"下拉选择"楼板：建筑"。"属性"下拉选择"常规－150mm"，确认"属性"中"标高"为"首层"，"属性"中"自标高的高度偏移"值为"0"。绘制方式选择"直线⁄"，偏移量为"0"。左键以"Ⓑ轴线与①轴线"交点为起点，鼠标往左拉，保持线段水平，再键盘输入"1700（此尺寸图纸未明确，可随意确定一个合理值）"，然后往上拉，保持线段垂直，左键选择"参照线与线段"相交处，然后依次绘制

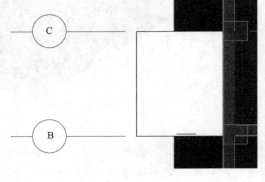

图 4-3-146

线段，最终形成如图4-3-147所示边界。选择"完成编辑模式✔"完成屋顶编辑。

绘制另一处台阶，方法重复上述步骤，不同处是台阶的尺寸。

7. 坡道

综合题坡度一般仅考简单的坡道绘制。考试时不仅可选择通过"楼板的形状编辑"绘制坡道，还可选择内建族（放样、拉伸）进行绘制，当然 Revit 自带绘制坡道的功能也可绘制。此综合题并没有坡道的绘制，就不进行展开讲述，具体可结合本教材"第 2 部分 局部建模"部分的内容学习。

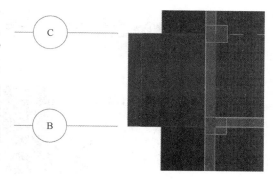

图 4-3-147

8. 楼梯及栏杆扶手

分析往期"1＋X"BIM（初级）考试真题与样题，目前综合题考查的楼梯有：直梯、螺旋楼梯、L 形楼梯，考查的楼梯都为"常规楼梯"。2016 版 Revit 绘制楼梯有"构件法"和"草图法"两种绘制方式，"草图法"常用于绘制复杂形式楼梯，"构件法"常用绘制常规楼梯。从综合题考查的楼梯形式（直梯、螺旋楼梯、L 形楼梯）分析，并不属于复杂形式的楼梯，按"构件法"绘制楼梯即可。本章节以"构件"楼梯讲述楼梯的绘制，"草图"楼梯的绘制可参考"局部建模"章节学习。

综合题楼梯常考点：①楼梯参数设置，主要设置的参数：楼梯的类型（整体浇筑楼梯）、楼梯的高度、梯段宽度、踏板深度、踢面高度等；②绘制楼梯，绘制前通常进行参照线的设置。栏杆扶手在综合题考查的内容并不多，多数情况下对栏杆扶手没有操作要求。这里简单对栏杆高度修改、简单栏杆样式修改进行补充。

楼梯由连接各踏步的梯段、休息平台和扶手组成。梯段的最低与最高一级踏板间的水平投影距离为梯段长，踏步的总高为梯段高。踏步由踏面（行走时脚踏的水平部分）和踏面（行走时脚尖正对的立面）组成，如图 4-3-148 所示。

（1）参照线设置。依次选择"建筑""参照平面"，进入参照线的设置。绘制方式选择"拾取线"，偏移量设置"500"，如图 4-3-149 所示。将鼠标移至绘图区域，选择©轴线（因参照需生成在©轴上半部分，选择时靠近©轴偏上部分，如图 4-3-150 所示），按 Esc 键两次退出参照线绘制，形成如图 4-3-151 所示的效果。

（2）楼梯参数设置

1）切换视图到"首层"平面，依次单击"建筑""楼梯"，在"楼梯"下拉菜单中选择"楼梯（按构件）"，如图 4-3-152 所示。

2）属性设置。

① 在类型选择器中选择"整体浇筑楼梯"。

②"底部标高"为"首层"，"底部偏移"为"0"。

③"顶部标高"为"二层"，"顶部偏移"为"0"。顶部标高确定一般按照立面标注确定绘制时最为简单，此题立面标注至"二层"，所以顶

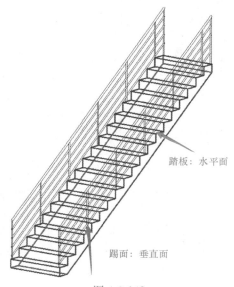

踏板：水平面

踢面：垂直面

图 4-3-148

修改 | 放置 参照平面	偏移量: 500.0	☐ 锁定

图 4-3-149

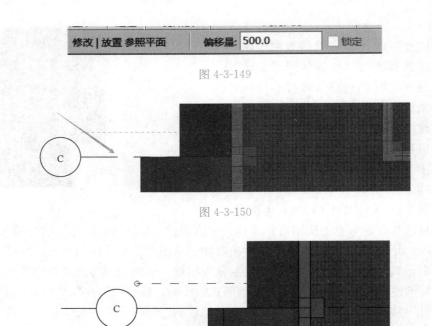

图 4-3-150

图 4-3-151

点标高确定为"二层"。

④"所需踢面数"为"22"步。踢面数的确定由楼梯剖面图（此图参考 1—1 剖面图）确认，与顶部标高位置确定有关，所以踢面数（垂直面）为 22。

⑤"实际踏板深度"为"280"，单位为"mm"。该参数的确定，一般在平面图（此图参考首层平面图）或者楼梯详图，根据图纸确认为"280mm"。

⑥左键单击"应用"完成"属性设置"，此时可以通过"实际踢面高度"检查参数设置是否与图纸相对应，如图 4-3-153 所示。

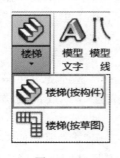

图 4-3-152

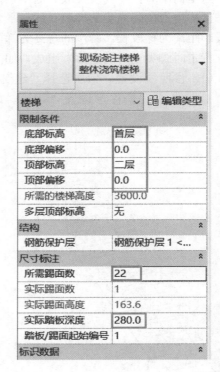

属性	✕
	现场浇注楼梯 整体浇筑楼梯 ▼
楼梯 ∨	🔲 编辑类型
限制条件	⌃
底部标高	首层
底部偏移	0.0
顶部标高	二层
顶部偏移	0.0
所需的楼梯高度	3600.0
多层顶部标高	无
结构	⌃
钢筋保护层	钢筋保护层 1 <...
尺寸标注	⌃
所需踢面数	22
实际踢面数	1
实际踢面高度	163.6
实际踏板深度	280.0
踏板/踢面起始编号	1
标识数据	⌃

图 4-3-153

提示：如果出现如图 4-3-154 所示的警告，该如何修改？

出现这类问题原因在"类型属性"设置的最大踢面高度小于"实际楼梯踢面高度"。单击"取消"将"警告"取消，单击"属性"中的"编辑类型"进入"类型属性"对话框，将"类型属性"中"最大踢面高度设置"为"只要大于图纸踢面高度，此题图纸踢面高度为 177.7）的数值，此题可以设置为 180"。最后单击"确定"退出类型属性对话框。再次修改"所需踢面数"为"22"，单击"应用"完成属性设置，如图 4-3-155 所示。

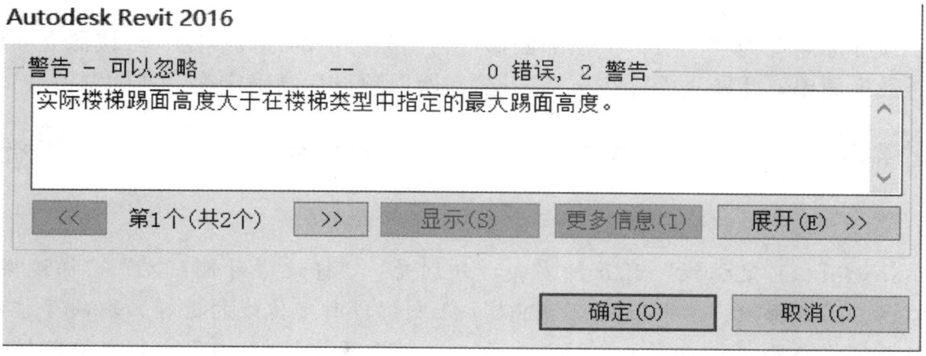

图 4-3-154

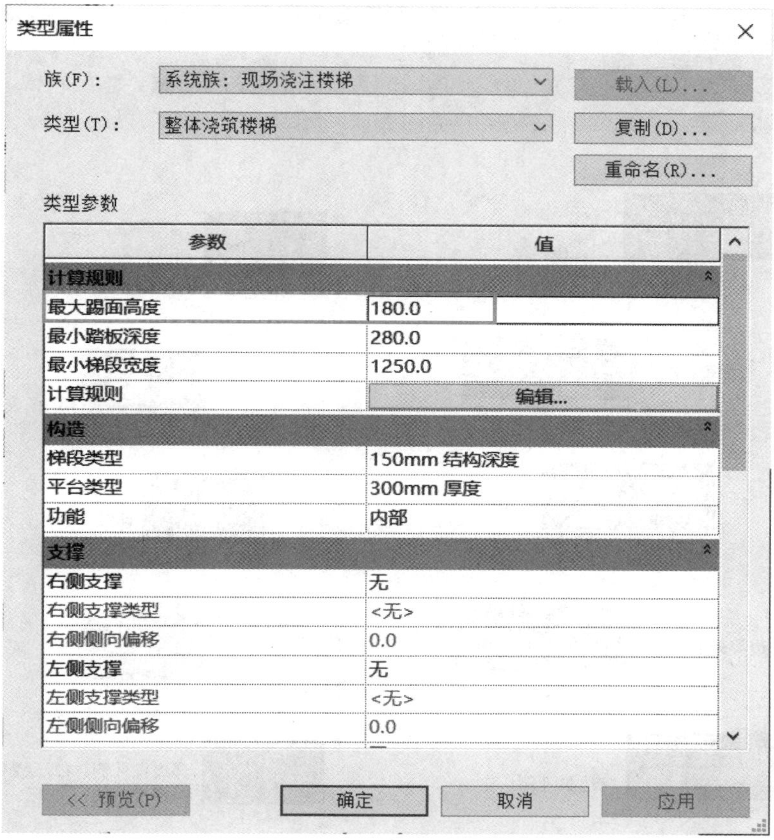

图 4-3-155

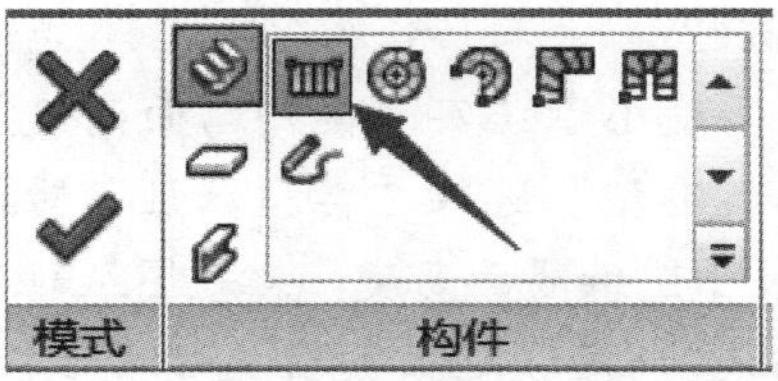

图 4-3-156

3）选项栏设置

① 左键单击选择"构件"中的"直梯"绘制方式，如图 4-3-156 所示。

② 选项栏"定位线"为"梯段：左"，"偏移量"为"0"，"实际梯段宽度"为"1250"，勾选"自动平台"如图 4-3-157 所示；梯段宽度参数的确定，一般在平面图（此图参考首层平面图）。

③ "顶部标高"为"二层"，"顶部偏移"为"0"。顶部标高确定一般按照立面标注确定绘制时最为简单，此题立面标注至"二层"，所以顶点标高确定为"二层"。

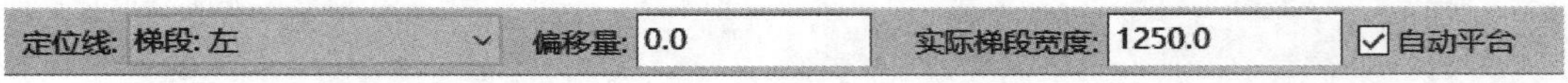

| 定位线：梯段：左 | 偏移量：0.0 | 实际梯段宽度：1250.0 | ☑自动平台 |

图 4-3-157

提示：选项栏"定位线"有五种方式，分别是："梯边梁外侧：左""梯边梁外侧：右""梯段：左""梯段：右""梯段：中心"。绘制梯段时定位线的选择，取决于楼梯的绘制方向以及楼梯类型等。如图 4-3-158 所示，分别为两类楼梯由下往上绘制定位线的选

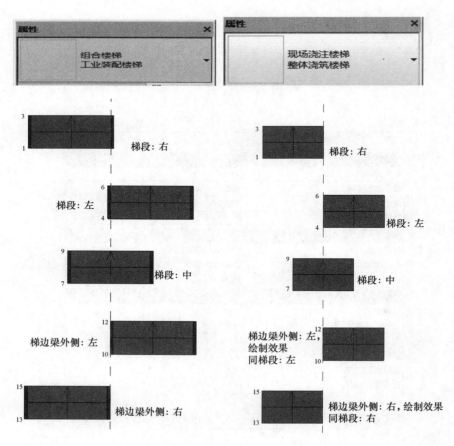

图 4-3-158

择。左边楼梯类型为"工业装配楼梯"（有梯边梁）定位线的选择，右边楼梯类型为"整体浇筑楼梯"（无梯边梁）定位线的选择。

（3）楼梯绘制

1）确认当前视图为楼层平面"首层"平面视图。

2）左键单击"参照线"与"①轴线"交点处作为"起点"，由下往上移动鼠标，当提示"创建了11个踢面，剩余11个"时，单击以放置第一个梯段的终点，如图4-3-159所示。

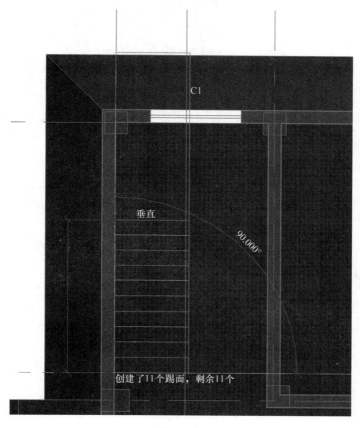

图 4-3-159

3）水平移动鼠标至"2轴线内墙边交点处"，左键单击此处交点处作为"起点"，由下向上移动鼠标，当提示"创建了22个踢面，剩余0个"时（图4-3-160），单击以放置第二个梯段的终点，如图4-3-161所示。

4）修改休息平台。左键单击"休息平台"，左键拖动如图4-3-162所示箭头，至①轴线，如图4-3-163所示。

5）选择"完成编辑模式✔"完成楼梯编辑。自动弹出如图4-3-164所示"警告"对话框，这是栏杆连接性的警告。因考试未对栏杆连接性有要求，此处可不设置，将"警告""删除❌"，左键单击选中靠墙边栏杆，键盘按Del键删除，如图4-3-165所示。

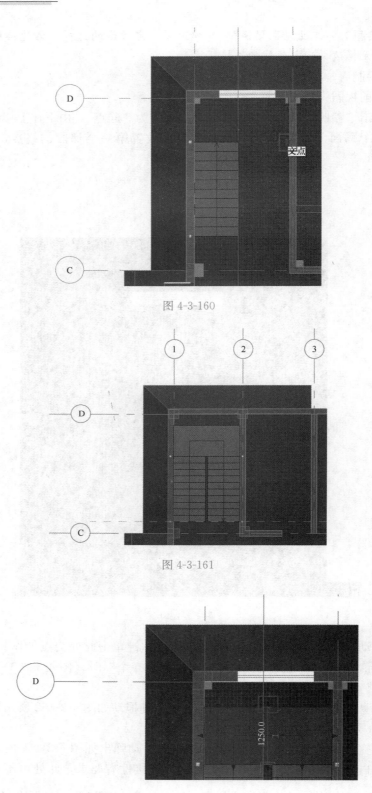

图 4-3-160

图 4-3-161

图 4-3-162

D
1800.0

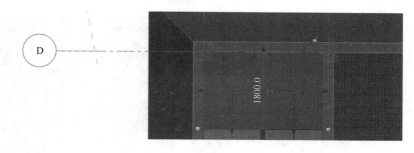

图 4-3-163

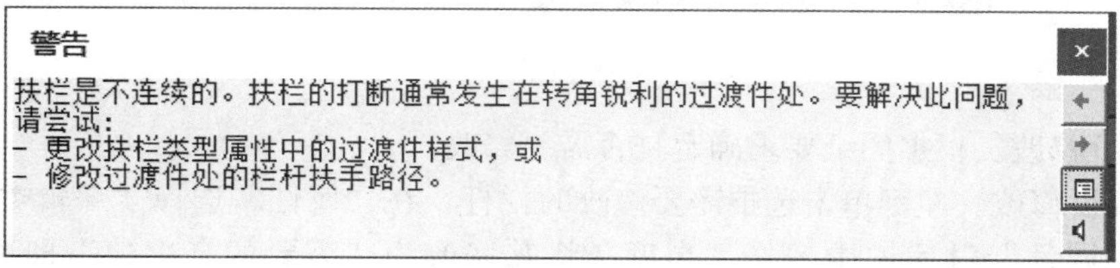

警告
扶栏是不连续的。扶栏的打断通常发生在转角锐利的过渡件处。要解决此问题，请尝试：
- 更改扶栏类型属性中的过渡件样式，或
- 修改过渡件处的栏杆扶手路径。

图 4-3-164

向上

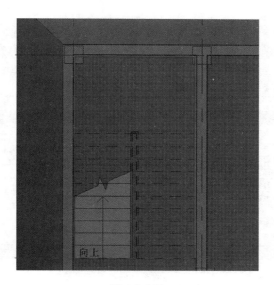

图 4-3-165

提示：楼梯有两种结束方式：一种是以踢面（垂直面）结束；另一种是以踏板（水平面）结束。根据图纸所示，此题结束的是“踢面（垂直面）”，绘制完成后不需做任何修改。但当出现以“踏板（水平面）”结束的情况时，绘制完成还需进行修改。

左键双击选中需要修改的“楼梯”。进入“楼梯”编辑模式，左键单击选中“下”梯段，左键拖动“圆点”向外扩展一步即可，按 Esc 键退出编辑，然后选择“完成编辑模式 ✔”完成楼梯编辑，如图 4-3-166 所示。

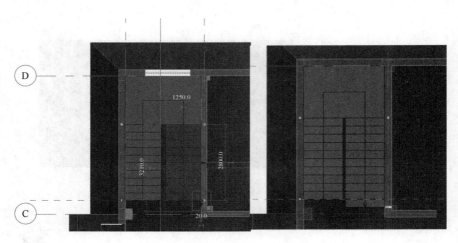

图 4-3-166

6）栏杆修改。根据图纸要求确定是否需要修改。

栏杆高度修改。左键单击选中需要修改的栏杆，在"属性"选择"编辑类型"，在弹出的"类型属性"对话框中选择"高度"将其修改为"需要的高度值"即可，单位为"mm"如图 4-3-167 所示。

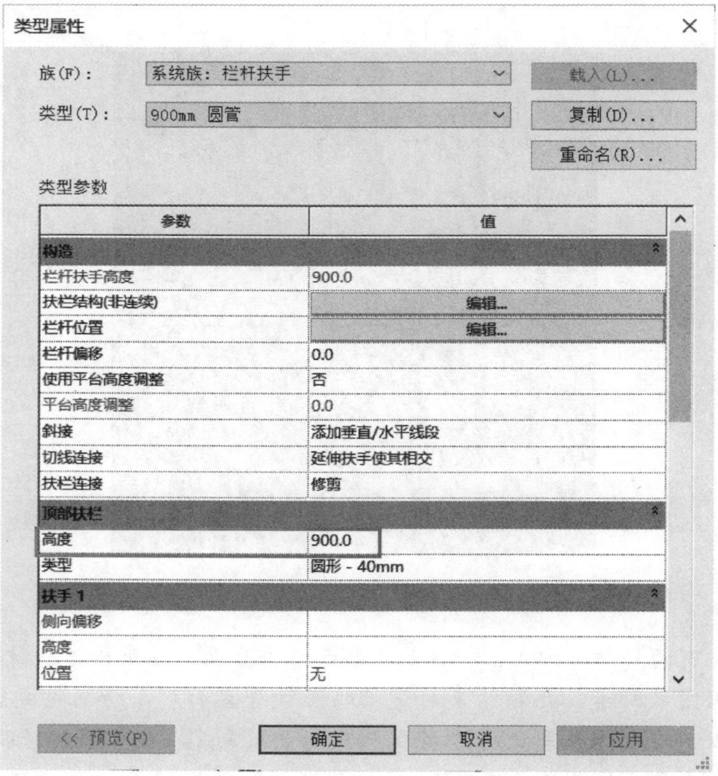

图 4-3-167

栏杆样式修改。左键单击选中需要修改的栏杆，在"属性"下拉选择"需要替换的栏杆样式"，建筑样板四种栏杆样式：900mm（矩形）、1100mm（矩形）、900mm圆管、玻璃嵌板-底部填充，如图4-3-168所示，是满足"1＋X"初级考试要求的。

7）利用"修改"工具绘制另一处楼梯（参数都相同，仅位置不同）。此题可选择"镜像—拾取轴 "绘制。在首层平面图视图中，左键单击选中"楼梯"，在自动弹出的"修改/楼梯"选项卡中选择"镜像—拾取轴（快捷键 mm）"，选择④轴线，按 Esc 键即镜像完成。

9. 洞口

该题只需要创建一个洞口——楼梯间竖井，以下为楼梯间竖井的创建过程。

图 4-3-168

切换为首层平面视图。依次左键单击"建筑""洞口""竖井"，进入"修改/创建竖井洞口草图"界面，确认选项栏勾选"链"，"偏移量"为"0"。

修改"属性"面板"限制条件"，如图 4-3-169 所示，"底部偏移"为"0"，"顶部约束"为"直到标高：F2"，"顶部偏移"值为"0"。确认"绘制"面板的"边界线"的绘制方式为"矩形框"。

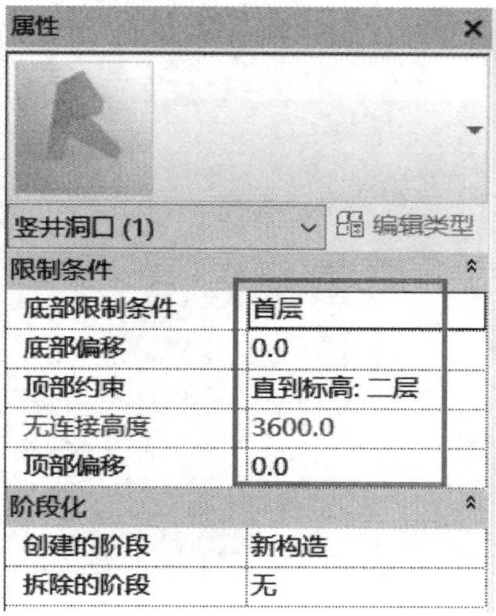

图 4-3-169

移动鼠标移至"参照线"与①轴线交点处，单击鼠标左键以此处为"起点"，向右上角移动，将鼠标移至对角点"①轴线与②轴线内墙边线"交点处，单击鼠标左键以此处为"终点"，如图 4-3-170 所示。

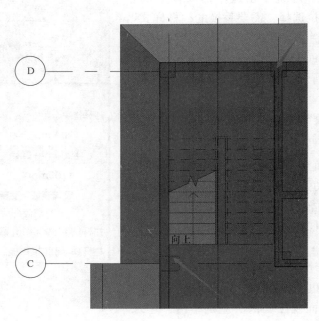

图 4-3-170

单击"完成编辑模式 ✔"完成竖井边界编辑。

切换视图至三维模式，通过"视图控制"栏的"隔离图元（快捷键 HI）"或"隐藏图元（快捷键 HH）"等命令，如图 4-3-171 所示，第二个上行梯段结束处的踢面为可见。

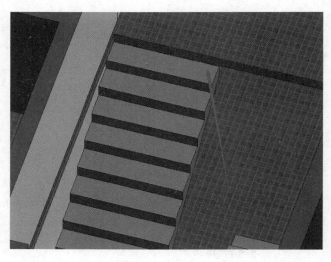

图 4-3-171

提示：选中绘制完成的竖井，如图 4-3-172 所示，选中竖井后，竖井的顶部和底部都具有可编辑的三角符号，可以通过拖拽三角箭头，修改竖井的顶部和底部限制条件，也可直接修改实例属性值。

10. 门窗

综合题门、窗的考核内容较为全面，一般考查以下几点：①门、窗的参数设置；②门、窗的绘制，并且会要求门、窗位置正确；③门、窗标记；④门窗明细表设置，这部分内容在前面"明细表"章节已讲述。

根据上述考点，门窗的分值虽占比较高，但是考核内容也比较多。其中最费时的是要求门、窗的位置（平面位置）正确，但有些考题仅要求外墙门窗精确定位，考试灵活安排时间。

（1）门、窗的参数设置

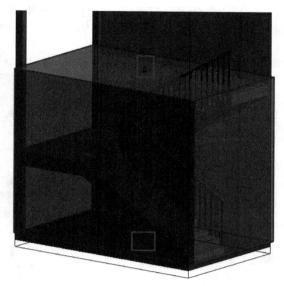

图 4-3-172

门与窗参数设置基本是相同的，这里以门参数设置进行展开。此题门共有三种类型，分别是：M1（双扇门 1800×2400）、M2（双扇门 1500×2400）、M3（单扇门 750×2000）。此题窗共有三种类型，分别是：C1（600×1800）、C2（2800×2000）、C3（800×1200）。

1）切换平面视图为"首层"平面视图；

2）依次单击"建筑""构建""门"，进入"修改/放置 门"界面；

3）依次单击"属性"面板的"编辑类型"，进入"类型属性"对话框，单击"载入"进入系统默认族库，依次双击"建筑""门""普通门""平开门""双扇"，因题意无要求材质，因此可随意选择一扇双扇门，如"双扇嵌板玻璃门"，如图 4-3-173 所示，单击"打开"回到"类型属性"对话框。同样的方式载入一扇单扇门，依次双击"建筑""门"

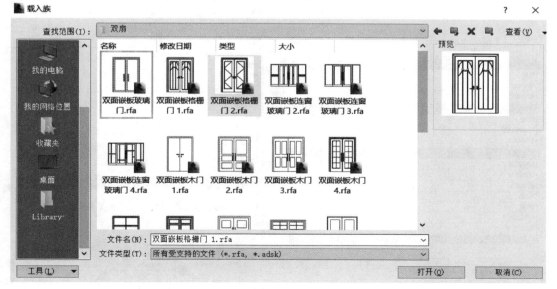

图 4-3-173

"普通门""平开门""双扇",选择"单嵌板镶玻璃门8"如图 4-3-174 所示,单击"打开"回到"类型属性"对话框。

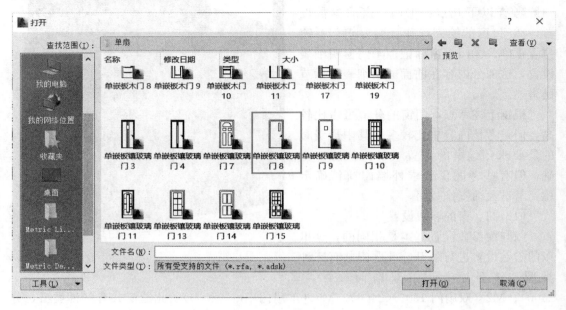

图 4-3-174

4)单击"族"下拉三角符号,选择"双扇嵌板玻璃门",然后单击"复制",将其命名为"M1",修改"类型属性"中的"功能"为"外部",修改"高度"为"2400",修改"宽度"为"1800",修改"类型标记"为"M1",如图 4-3-175 所示。

图 4-3-175

5）再次单击"复制"，名称改为"M2"，修改"类型属性"中的"功能"为"内部"，修改"类型标记"为"M2"，修改"高度"为"2400"，修改"宽度"为"1500"，如图 4-3-176所示。

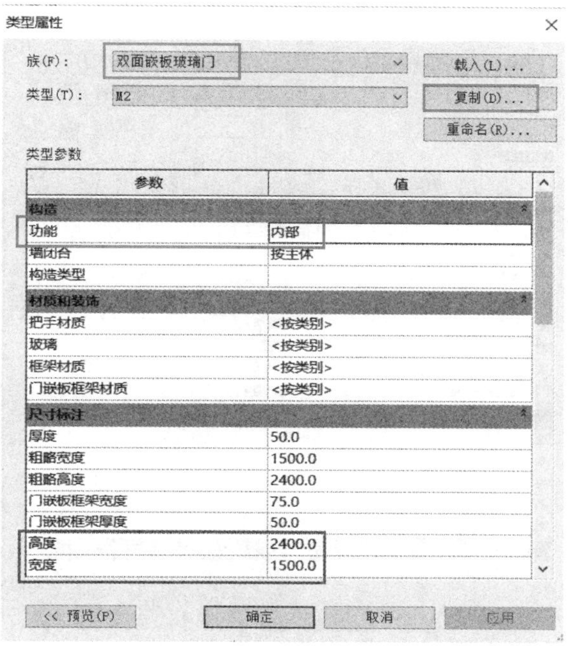

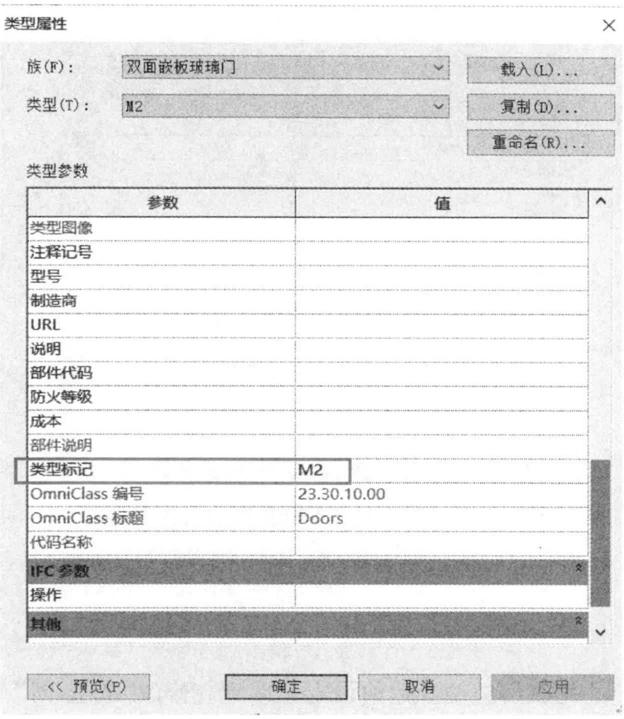

图 4-3-176

6) 单击"族"下拉三角符号，选择"单扇嵌板玻璃门 1"，然后单击"复制"，将其命名为"M3"，修改"类型属性"中的"功能"为"内部"，修改"高度"为"2400"，修改"宽度"为"750"，修改"类型标记"为"M3"，如图 4-3-177 所示。

图 4-3-177

7) 单击"确定"，完成门类型参数值设定，回到"修改/放置 门"界面。

（2）门、窗的放置

1) 放置时，确认"属性"中"门""类型"，如需选择"M3"，则属性下拉选择"M3"即可。"底高度"设置为"0"。确认选择"标记"面板中的"在放置时进行标记"，自动标记放置的门编号。选项栏不勾选"引线"（图 4-3-178）。

图 4-3-178

2) 移动鼠标指针至Ⓒ轴线内墙⑤轴、⑥轴间，通过单击键盘"空格"键与鼠标的配合调整开门方向，方向确认后，单击鼠标左键 1 次绘制完成"M3"。按键盘 Esc 键 2 次退出当前命令，再次单击刚放置的 M3 门，调整门的位置，如图 4-3-179 所示。

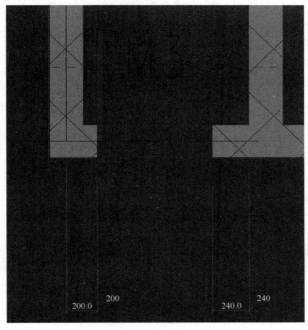

图 4-3-179

3）按照上述方式，对应图纸绘制一层所有门。

4）选中一层所有门（过滤器选择），在自动弹出的"修改/门"选项卡中，选择粘贴板的"复制"，如图4-3-180所示。下拉"粘贴"，选择"与选定的标高对齐"，选择"二层"。按照图纸修改二层门窗，如图4-3-181所示。

图4-3-180   图4-3-181

提示：① 门、窗只能在墙体上才会显示。

② 在平面图中插入门、窗时，使用键盘的 SM 键，门、窗会自动定义在所选墙体的中心位置。

③ 门、窗标记符合不可复制生成。

④ 修改门、窗位置，可通过临时尺寸进行修改。选中需要修改的门，就会出现临时尺寸，然后左键单击可修改临时尺寸数字，修改后，门的位置会随之移动。如果临时尺寸标注的位置不是需要的位置，可左键拖动临时尺寸的"圆点"到需要标注的位置，进行临时尺寸标记位置移动，如图4-3-182所示。

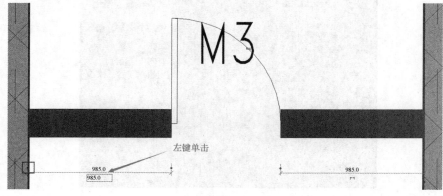

图4-3-182

4.3.3　成果输出

Revit 成果输出主要含两大部分内容：①创建图纸、设置图纸、图纸的输出；②成果渲染、渲染结果的输出。分值约 5 分，这部分分值的取得与模型是否完整建立无关，就算模型并不完整，这部分内容只要设置正确，同样可以得分。

1. 剖面视图创建

（1）依次单击"视图""剖面"命令，绘制剖面线。

（2）处理剖面位置。主要调整的内容有：剖切范围、线段间隙、翻转控件、显示此剖面定义的视图、循环剖面线末端。关于处理剖面位置，这部分内容并不是考核点，了解即可。

（3）绘制了剖面视图后，软件自动给出了该剖面命名。通过在"项目浏览器"中"剖面"视图中，选择所需的剖面，右击鼠标，选择"重命名"，可重命名该剖面视图。

2. 图纸

综合题图纸考查并不复杂，一般考查以下几点：①创建图纸；②编辑图纸，一般仅会涉及简单的图纸属性设置（或者说是样式要求），具体内容为：尺寸标注、视图比例、图框类型、图纸命名、项目名称、图纸编号、轴网轴头显示；③图纸导出"CAD"，仅考查图纸格式、图纸命名。

（1）创建图纸

依次左键单击"视图"选项卡，在"图纸组合"面板中选择"图纸"工具，在弹出"新建图纸"对话框，选择"A3 公制"图纸，如图 4-3-183 所示。项目中可能存在没有可

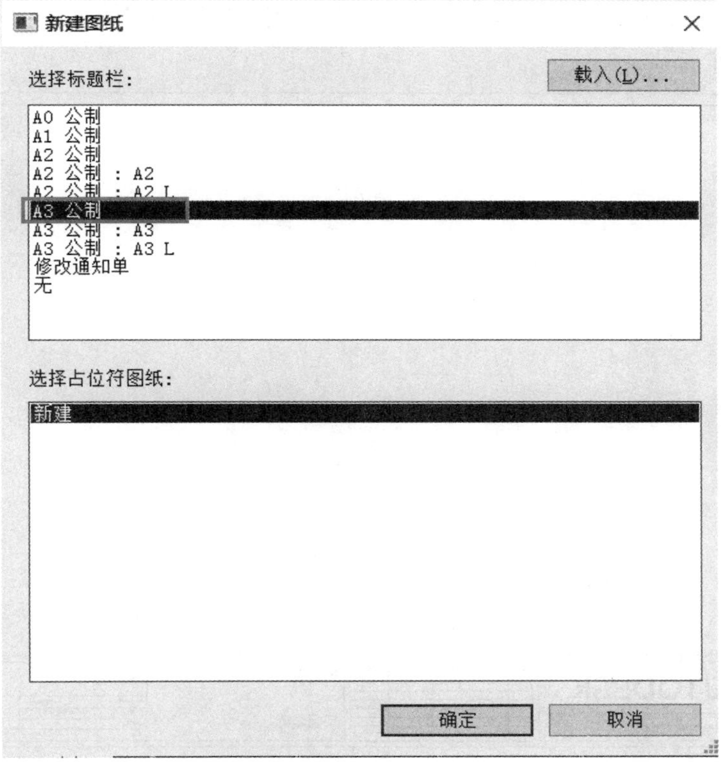

图 4-3-183

供的标题栏使用，单击"载入"按钮，在弹出的对话框中选择"标题栏"，按照题目需求，左键选择所需"标题栏"，单击"打开"载入到项目中，如图 4-3-184 所示。

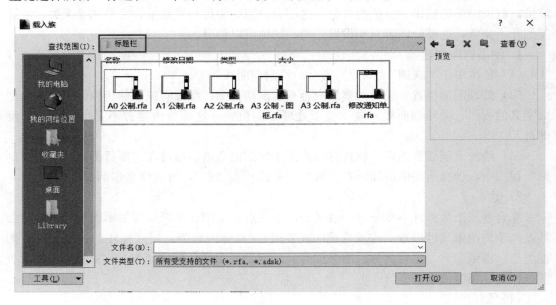

图 4-3-184

选择"A3 公制"图纸后，单击"确认"按钮，此时绘图区域打开一张新创建的 A3 图纸，如图 4-3-185 所示。同时也会自动在"项目浏览器"的"图纸"项下自动添加了图纸"××—未命名"。

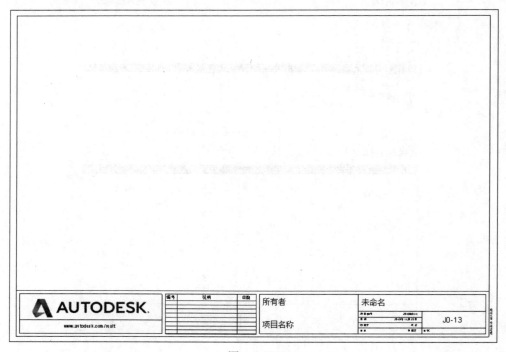

图 4-3-185

　　单击"视图"，在"图纸组合"面板中选择"视图"工具，弹出"视图"对话框，在视图列表中列出当前项目中所有可用的视图，选择"剖面1"，单击"在图纸中添加视图"按钮，如图4-3-186所示。确认选项栏"在图纸上旋转"选项为"无"，当显示的视图放置于标题范围内合适的位置时，按左键放置该视图。

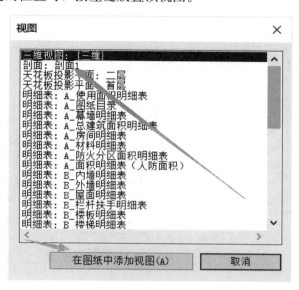

图 4-3-186

（2）编辑图纸

　　图纸属性设置—图纸名称修改。在"属性"框中修改"图纸名称"为"1—1剖面图"，则在图纸中的"图纸名称"一栏中自动添加"1—1剖面图"，如图4-3-187所示。

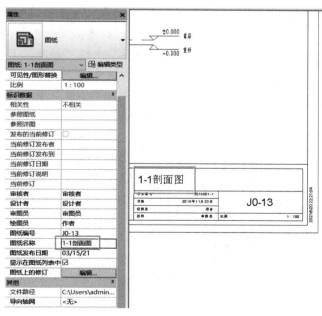

图 4-3-187

"属性"中除去"图纸名称"设置，剩余"审核者""设计者""审图员""绘图员""图纸编号""图纸发布日期"修改同"图纸名称"。

视图/视口属性设置—视图名称修改。选中放置于图纸中的视图，在"属性"框中修改"视口：有线条的标题"。修改"图纸上的标题"为"1—1剖面图"，如图 4-3-188 所示。

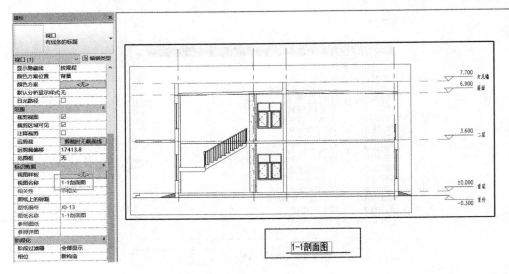

图 4-3-188

提示：视图/视口属性—视图名称修改。方法 1：选中放置于图纸中的视图，在"属性"框中修改"视图名称"，如修改"图纸上的标题"为"1—1剖面图"，此时"项目浏览器"中的"剖面"下的"剖面 1"名称同步修改为"1—1剖面图"。方法 2：单击依次选择"项目浏览器"中的"剖面"下的"剖面 1"，单击右键选择"重命名"，修改名称，此时视口"属性"下的"视图名称"也同步修改了（图 4-3-189）。

视图/视口—视图比例修改。选中放置于图纸中的视图，在"属性"框中修改"视图比例"，在"视图比例"属性下拉为"1：100"。当比例为特殊不常见比例时，在"视图比例"属性下拉为"自定义"，在"属性"框中修改"比例值 1："的数字，如图 4-3-190 所示。

轴头显示样式修改。这里的轴头显示指的是轴网的轴头显示。选中放置于

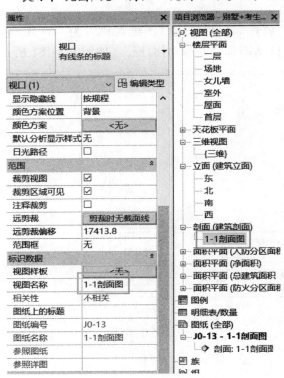

图 4-3-189

图纸中的视图，右键单击选择"激活视图"。左键选择另一根"轴网"，在"属性"中选择"编辑类型"，在"非平面视图符号（默认）"下拉选择"底"，如图 4-3-191 所示。选择"确定"退出"类型属性"编辑，右键单击选择"取消激活视图"。

图 4-3-190

图 4-3-191

提示：轴网的"非平面图符号（默认）"可以选择"顶""底""两者""无"四种方式，如图 4-3-192 所示。考试时根据考题要求设置。

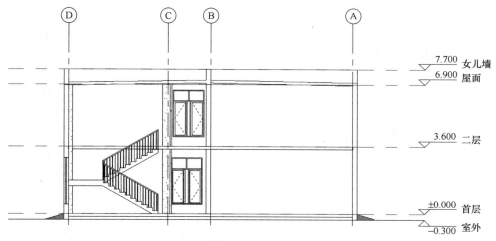

图 4-3-192（一）

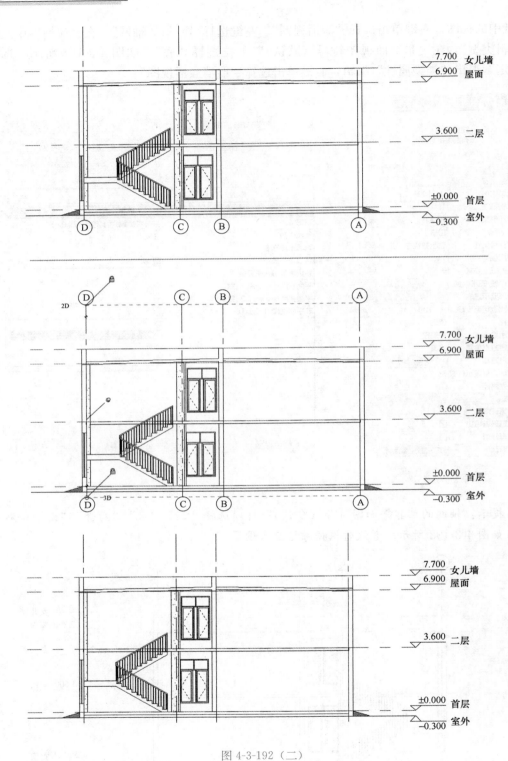

图 4-3-192（二）

尺寸标注。选中放置于图纸中的视图，右键单击选择"激活视图"，依次单击"注释""对齐"，完成题意标注。右键单击选择"取消激活视图"。

（3）图纸导出"CAD"格式

Revit 软件中所有的平、立、剖、三维图和图纸视图等都可导出 DWG、DXF/DGN 等 CAD 格式图形。

1）切换楼层视图至"首层"视图。

2）左键单击选择图标"▰"，选择"导出"，"CAD""DWG"格式。

3）在弹出的"DWG 格式"对话框中，选择"下一步"，按照题目命名为"1—1 剖面图"，取消勾选"将图纸上的视图和链接作为外部参照导出（X）"，导出成果放置"第三题输出成果"，如图 4-3-193 所示。

图 4-3-193

提示：导出 CAD 的过程中，除了 DWG 格式文件，会同步生成与视图同名的".pcp"文件，用于记录 DWG 图纸的状态和图层转换情况，可用记事本打开该文件。考试时，将此格式文件进行删除，不需要提交。

3. 渲染

Revit 软件操作渲染非常简单，综合题渲染考查也不复杂，仅需设置渲染样式，渲染样式包含的内容有：真实的地点、日期、时间、灯光，属于易得分点。渲染样式步骤如下：

切换视图为"三维"视图；

通过"View Cube"导航，选择"主视图"，调整模型至合适的角度，如图 4-3-194 所示；

左键依次单击"视图""渲染"，如图 4-3-195 所示。

按照"渲染"对话框设置渲染样式，单击"渲染"按钮，开始渲染并弹出"渲染进度"工具条，显示渲染进度，如图 4-3-196 所示。

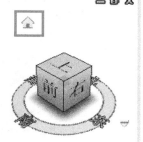

图 4-3-194

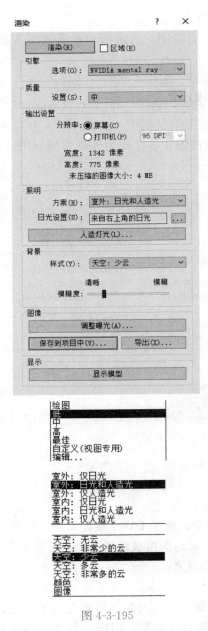

图 4-3-195

图 4-3-196

单击"导出",可将渲染导出成图片文件,按照题目修改"文件名""文件类型"导出成果放置题意要求的文件夹,如图 4-3-197 所示。

图 4-3-197

4.3.4 综合建模题示例

【例 4-3-1】 第一期考试真题(试考题)综合建模(40 分)。

根据以下要求和给出的图纸(图 4-3-198),创建模型并将结果输出。在考生文件夹下新建名为"第三题输出结果"的文件夹,将结果文件保存在该文件夹中。

1. BIM 建模环境设置(1 分)

设置项目信息:①项目发布日期:2019 年 9 月 20 日;②项目编号:2019001-1。

2. BIM 参数化建模(29 分)

(1)根据给出的图纸创建标高、轴网、墙、门、窗、柱、屋顶、楼板、楼梯、洞口、台阶、扶手、卫生洁具等。其中,要求门窗尺寸、位置、标记名称正确。未标明尺寸与样式不作要求。

(2)主要建筑构件参数要求如下(表 4-3-1)(5 分):

主要建筑构件参数表   表 4-3-1

外墙 240	10 厚防砖涂料	结构柱	Z1:400×500
	220 厚加气混凝土		Z2:400×400
	10 厚白色涂料	楼板	10 厚瓷砖
内墙 200	10 厚白色涂料		140 厚混凝土
	180 厚混凝土砌块	屋顶	150 厚,坡度 1%
	10 厚白色涂料		

3. 创建图纸(8 分)

创建门窗表,要求包含类型标记、宽度、高度、底标高、合计,并计算总量(表 4-3-2)(2 分)

门窗表 表 4-3-2

门	M1	1800×2400	窗	C1	1600×1800
	M2	1500×2400		C2	2800×2000
	M3	750×2000		C3	800×1200

4. 模型文件管理（2 分）

（1）用"别墅＋考生姓名"为项目文件命名，并保存项目。（1 分）

（2）将创建"1—1 剖面图"图纸导出为 AutoCAD. DWG 文件，命名为"1—1 剖面图"。（1 分）

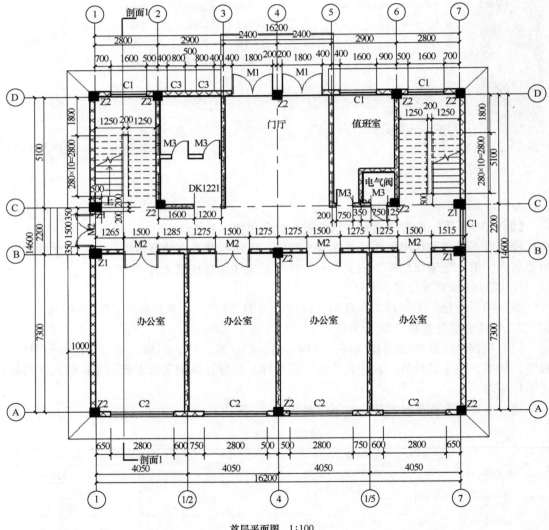

首层平面图 1:100

图 4-3-198（一）

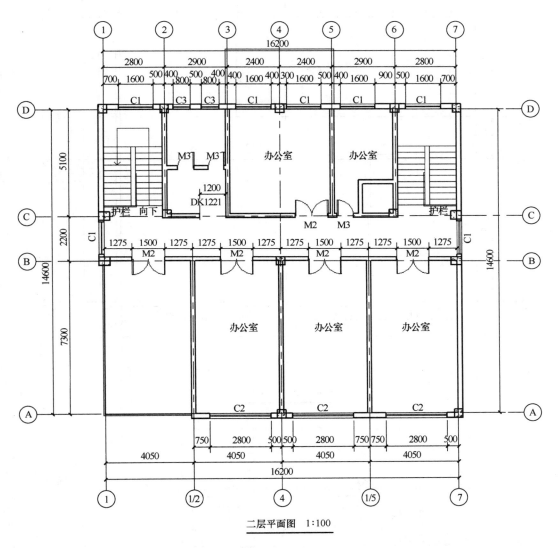

二层平面图 1:100

图 4-3-198（二）

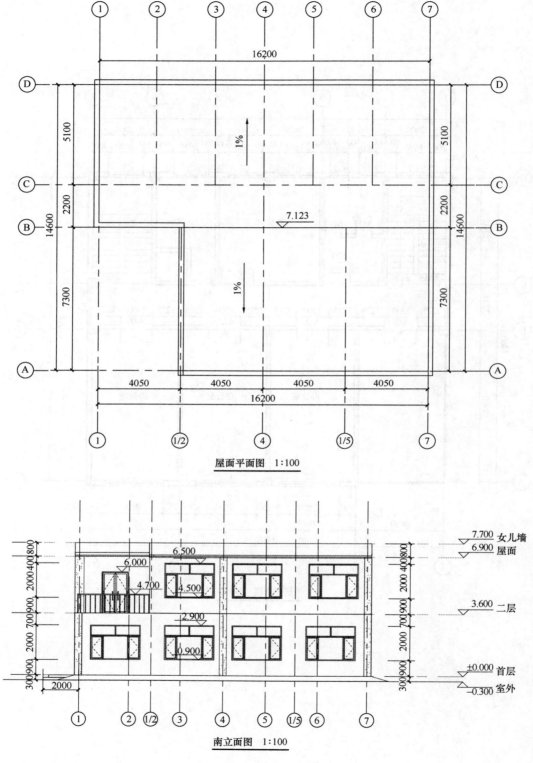

屋面平面图 1:100

南立面图 1:100

图 4-3-198 (三)

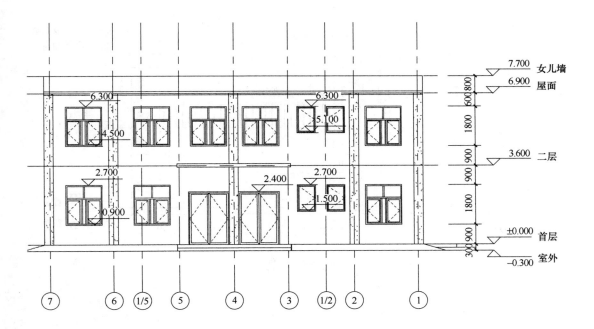

北立面图 1:100

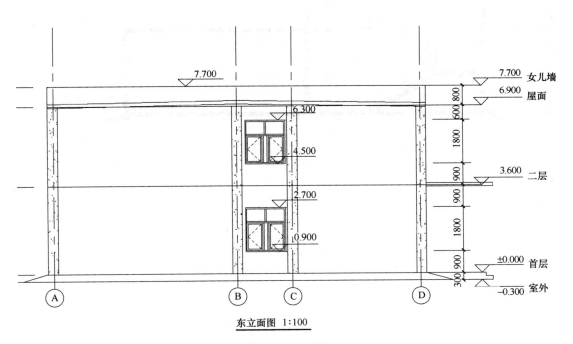

东立面图 1:100

图 4-3-198（四）

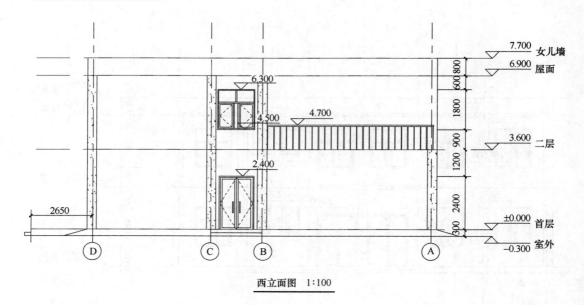

西立面图 1:100

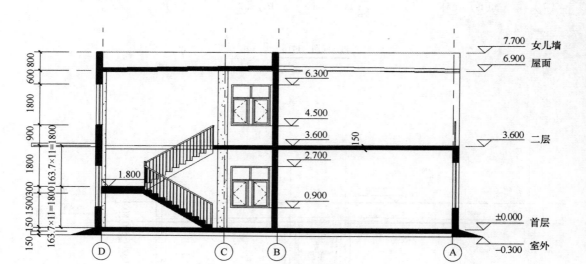

1—1剖面图 1:100

图 4-3-198（五）

参 考 文 献

［1］ 廊坊市中科建筑产业化创新研究中心，赵彬，王君峰．建筑信息模型（BIM）概论［M］．北京：高等教育出版社，2020．

［2］ 王婷，应宇垦．Revit2015 初级［M］．北京：中国电力出版社，2017．

［3］ 高华，施秀风，丁丽丽．BIM 应用教程：Revit Architecture2016［M］．武汉：华中科技大学出版社，2017．